수학 좀 한다면

디딤돌 연산은 수학이다 2A

펴낸날 [초판 1쇄] 2023년 11월 20일 [초판 2쇄] 2024년 2월 28일
펴낸이 이기열
펴낸곳 (주)디딤돌 교육
주소 (03972) 서울특별시 마포구 월드컵북로 122 청원선와이즈타워
대표전화 02-3142-9000
구입문의 02-322-8451
내용문의 02-323-9166
팩시밀리 02-338-3231
홈페이지 www.didimdol.co.kr
등록번호 제10-718호
구입한 후에는 철회되지 않으며 잘못 인쇄된 책은 바꾸어 드립니다.
이 책에 실린 모든 삽화 및 편집 형태에 대한 저작권은
(주)디딤돌 교육에 있으므로 무단으로 복사 복제할 수 없습니다.
Copyright ⓒ Didimdol Co. [2453210]

1 손으로 푸는 100문제보다 머리로 푸는 10문제가 수학 실력이 된다.

계산 방법만 익히는 연산은 '계산력'은 기를 수 있어도 '수학 실력'으로 이어지지 못합니다.
계산에 원리와 방법이 있는 것처럼 계산에는 저마다의 성질이 있고 계산과 계산 사이의 관계가 있습니다.
또한 아이들은 계산을 활용해 볼 수 있어야 하고 계산을 통해 수 감각을 기를 수 있어야 합니다.
이렇듯 계산의 단면이 아닌 입체적인 계산 훈련이 가능하도록 하나의 연산을 다양한 각도에서
생각해 볼 수 있는 문제들을 수학적 설계 근거를 바탕으로 구성하였습니다.

지금까지의 연산

기존의 연산학습 방식은 가로셈,
세로셈의 반복학습 중심이었기 때문에
계산력을 기르기에 지나지 않았습니다.
연산학습이 수학 실력으로 이어지려면
가로셈, 세로셈을 포함한
**전후 단계의 체계적인 문제들로
학습**해야 합니다.

디딤돌 연산

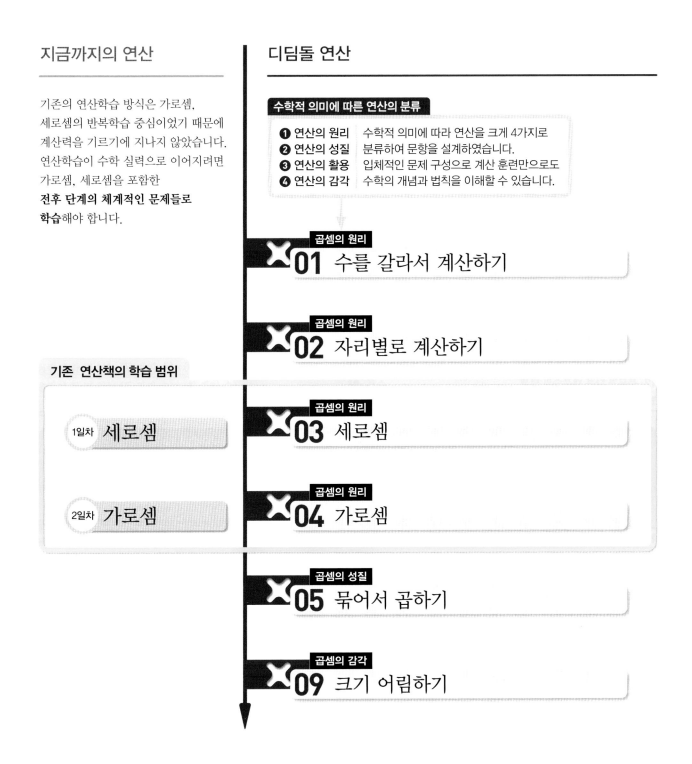

수학적 의미에 따른 연산의 분류

❶ 연산의 원리   수학적 의미에 따라 연산을 크게 4가지로
❷ 연산의 성질   분류하여 문항을 설계하였습니다.
❸ 연산의 활용   입체적인 문제 구성으로 계산 훈련만으로도
❹ 연산의 감각   수학의 개념과 법칙을 이해할 수 있습니다.

곱셈의 원리
✕ **01** 수를 갈라서 계산하기

곱셈의 원리
✕ **02** 자리별로 계산하기

기존 연산책의 학습 범위

1일차 **세로셈**

곱셈의 원리
✕ **03** 세로셈

2일차 **가로셈**

곱셈의 원리
✕ **04** 가로셈

곱셈의 성질
✕ **05** 묶어서 곱하기

곱셈의 감각
✕ **09** 크기 어림하기

수학적 연산 분류에 따른 전체 학습 설계

1학년 A

수 감각

덧셈과 뺄셈의 원리

덧셈과 뺄셈의 성질

덧셈과 뺄셈의 감각

1 수를 가르기하고 모으기하기
2 합이 9까지인 덧셈
3 한 자리 수의 뺄셈
4 덧셈과 뺄셈의 관계
5 10을 가르기하고 모으기하기
6 10의 덧셈과 뺄셈
7 연이은 덧셈, 뺄셈

1학년 B

덧셈과 뺄셈의 원리

덧셈과 뺄셈의 성질

덧셈과 뺄셈의 활용

덧셈과 뺄셈의 감각

1 두 수의 합이 10인 세 수의 덧셈
2 두 수의 차가 10인 세 수의 뺄셈
3 받아올림이 있는 (몇)+(몇)
4 받아내림이 있는 (십몇)−(몇)
5 (몇십)+(몇), (몇)+(몇십)
6 받아올림, 받아내림이 없는 (몇십몇)±(몇)
7 받아올림, 받아내림이 없는 (몇십몇)±(몇십몇)

2학년 A

덧셈과 뺄셈의 원리

덧셈과 뺄셈의 성질

덧셈과 뺄셈의 활용

덧셈과 뺄셈의 감각

1 받아올림이 있는 (몇십몇)+(몇)
2 받아올림이 한 번 있는 (몇십몇)+(몇십몇)
3 받아올림이 두 번 있는 (몇십몇)+(몇십몇)
4 받아내림이 있는 (몇십몇)−(몇)
5 받아내림이 있는 (몇십몇)−(몇십몇)
6 세 수의 계산(1)
7 세 수의 계산(2)

2학년 B

곱셈의 원리

곱셈의 성질

곱셈의 활용

곱셈의 감각

1 곱셈의 기초
2 2, 5단 곱셈구구
3 3, 6단 곱셈구구
4 4, 8단 곱셈구구
5 7, 9단 곱셈구구
6 곱셈구구 종합
7 곱셈구구 활용

디딤돌
연산은
수학이다.

디딤돌

수학적 의미에 따른 연산의 분류

같아 보이지만 완전히 다릅니다!

1. 입체적 학습의 흐름

연산은 수학적 개념을 바탕으로 합니다.
따라서 단순 계산 문제를 반복하는 것이 아니라 원리를 이해하고, 계산 방법을 익히고,
수학적 법칙을 경험해 볼 수 있는 문제를 다양하게 접할 수 있어야 합니다.
연산을 다양한 각도에서 생각해 볼 수 있는 문제들로 계산력을 뛰어넘는 수학 실력을 길러 주세요.

연산

뺄셈의 원리 ▶ 계산 방법 이해
01 세로셈

뺄셈의 원리 ▶ 계산 방법 이해
03 가로셈

가장 기본적인 계산 문제입니다.
본 학습의 계산 원리를 익힐 수 있도록
충분히 연습합니다.

기초 연산책의 학습 범위

뺄셈의 원리 ▶ 계산 원리 이해
04 여러 가지 수 빼기

뺄셈의 원리 ▶ 계산 원리 이해
06 얼마나 더 길까?

뺄셈의 원리 ▶ 계산 원리 이해
07 얼마나 남았을까?

연산의 원리, 성질들을 느끼고 활용해 보는 문제입니다.
하나의 연산 원리를 다양한 관점에서 생각해 보고
수학의 개념과 법칙을 이해합니다.

덧셈과 뺄셈의 성질 ▶ 덧셈과 뺄셈의 관계
09 늘어난 수로 차 구하기

덧셈과 뺄셈의 감각 ▶ 증가, 감소
12 연산 기호 넣기

연산의 원리를 바탕으로 수를 다양하게 조작해 보고
추론하여 해결하는 문제입니다. 앞서 학습한 연산의 원리,
성질들을 이용하여 사고력과 수 감각을 기릅니다.

수학

2. 입체적 학습의 구성

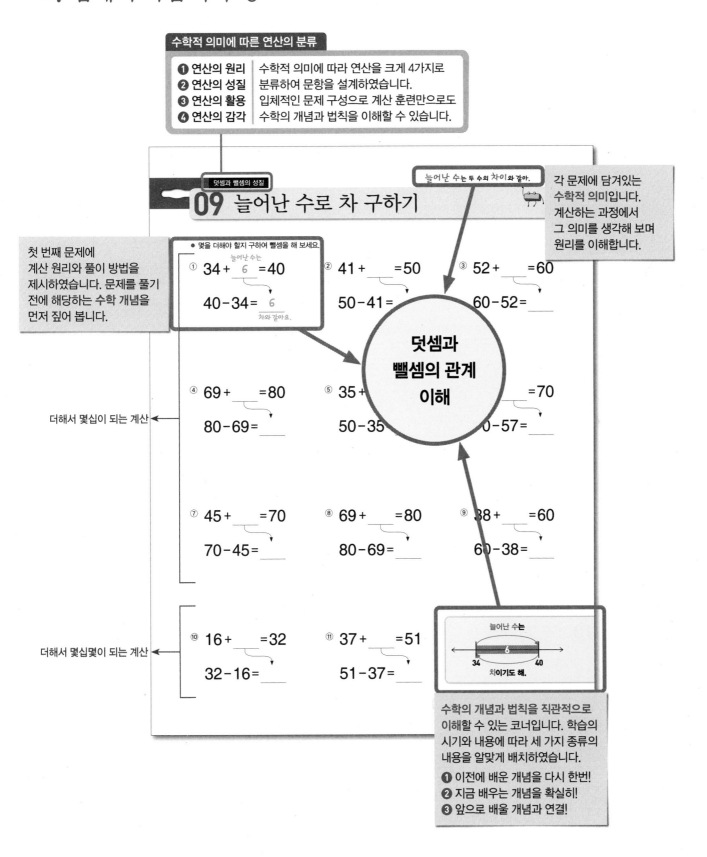

수학적 의미에 따른 연산의 분류

❶ 연산의 원리
❷ 연산의 성질
❸ 연산의 활용
❹ 연산의 감각

수학적 의미에 따라 연산을 크게 4가지로 분류하여 문항을 설계하였습니다. 입체적인 문제 구성으로 계산 훈련만으로도 수학의 개념과 법칙을 이해할 수 있습니다.

덧셈과 뺄셈의 성질

09 늘어난 수로 차 구하기

늘어난 수는 두 수의 차이와 같아.

각 문제에 담겨있는 수학적 의미입니다. 계산하는 과정에서 그 의미를 생각해 보며 원리를 이해합니다.

첫 번째 문제에 계산 원리와 풀이 방법을 제시하였습니다. 문제를 풀기 전에 해당하는 수학 개념을 먼저 짚어 봅니다.

● 몇을 더해야 할지 구하여 뺄셈을 해 보세요.

늘어난 수는

① 34 + 6 = 40

40 - 34 = 6

차와 같아요.

② 41 + __ = 50

50 - 41 =

③ 52 + __ = 60

60 - 52 =

덧셈과 뺄셈의 관계 이해

④ 69 + __ = 80

80 - 69 =

⑤ 35 + __ = 50

50 - 35 =

__ = 70

0 - 57 =

더해서 몇십이 되는 계산

⑦ 45 + __ = 70

70 - 45 =

⑧ 69 + __ = 80

80 - 69 =

⑨ 38 + __ = 60

60 - 38 =

⑩ 16 + __ = 32

32 - 16 =

⑪ 37 + __ = 51

51 - 37 =

더해서 몇십몇이 되는 계산

늘어난 수는

6

34   40

차이기도 해.

수학의 개념과 법칙을 직관적으로 이해할 수 있는 코너입니다. 학습의 시기와 내용에 따라 세 가지 종류의 내용을 알맞게 배치하였습니다.

❶ 이전에 배운 개념을 다시 한번!
❷ 지금 배우는 개념을 확실히!
❸ 앞으로 배울 개념과 연결!

+1 받아올림이 있는 (몇십몇)+(몇)

각 자리 수끼리 합이 10이거나 10보다 크면 윗자리로 받아올림해.

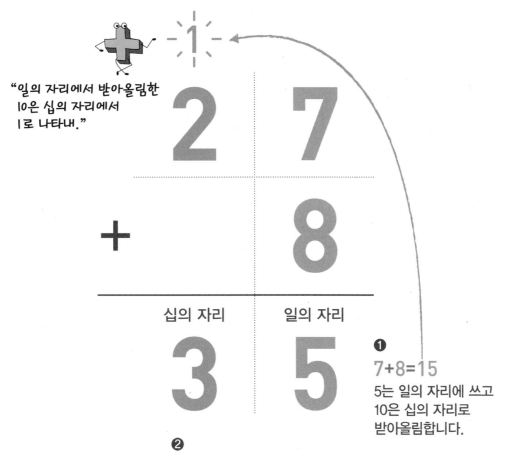

"일의 자리에서 받아올림한 10은 십의 자리에서 1로 나타내."

2 7
+　 8
─────
십의 자리　 일의 자리
3 5

❶ 7+8=15
5는 일의 자리에 쓰고
10은 십의 자리로
받아올림합니다.

❷ 10+20=30
받아올림한 수를 잊지 말고
십의 자리 수에 더합니다.

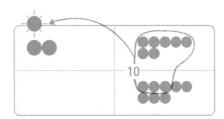

"구슬 12개를 다 들고 다니려니
힘들다, 힘들어.ㅠㅠ
어떻게 하지?"

"아! 일의 자리 구슬 10개를 모아
십의 자리 구슬 1개로 변신시켜야겠다.
그럼 ●●●만 들고 다니면 되네!"

●십　●일
● = ●●●●●

일의 자리 수끼리의 합이 10이거나 10보다 크면 받아올림해!

01 단계에 따라 계산하기

● 덧셈을 해 보세요.

❷ 10을 십의 자리로 받아올림해서 1로 나타내요.

①

$$\begin{array}{r} 3 \\ + 8 \\ \hline \end{array}$$

$$\begin{array}{r} 1\ 3 \\ + \quad 8 \\ \hline 2\quad 1 \end{array}$$

❶ 3+8=11
❸ 10+10=20

↑ 10은 십의 자리에서 1로 써요.

②

$$\begin{array}{r} 5 \\ + 5 \\ \hline \end{array}$$

$$\begin{array}{r} 2\ 5 \\ + \quad 5 \\ \hline \end{array}$$

③

$$\begin{array}{r} 9 \\ + 4 \\ \hline \end{array}$$

$$\begin{array}{r} 4\ 9 \\ + \quad 4 \\ \hline \end{array}$$

④

$$\begin{array}{r} 6 \\ + 6 \\ \hline \end{array}$$

$$\begin{array}{r} 5\ 6 \\ + \quad 6 \\ \hline \end{array}$$

⑤

$$\begin{array}{r} 7 \\ + 8 \\ \hline \end{array}$$

$$\begin{array}{r} 2\ 7 \\ + \quad 8 \\ \hline \end{array}$$

⑥

$$\begin{array}{r} 5 \\ + 9 \\ \hline \end{array}$$

$$\begin{array}{r} 3\ 5 \\ + \quad 9 \\ \hline \end{array}$$

⑦

$$\begin{array}{r} 9 \\ + 9 \\ \hline \end{array}$$

$$\begin{array}{r} 7\ 9 \\ + \quad 9 \\ \hline \end{array}$$

⑧

$$\begin{array}{r} 6 \\ + 5 \\ \hline \end{array}$$

$$\begin{array}{r} 4\ 6 \\ + \quad 5 \\ \hline \end{array}$$

⑨

$$\begin{array}{r} 6 \\ + 7 \\ \hline \end{array}$$

$$\begin{array}{r} 4\ 6 \\ + \quad 7 \\ \hline \end{array}$$

⑩

$$\begin{array}{r} 9 \\ + 8 \\ \hline \end{array}$$

$$\begin{array}{r} 8\ 9 \\ + \quad 8 \\ \hline \end{array}$$

⑪　　　7　　　6 7
　+　　6　　+　 6

⑫　　　8　　　2 8
　+　　4　　+　 4

⑬　　　3　　　4 3
　+　　9　　+　 9

⑭　　　2　　　7 2
　+　　8　　+　 8

⑮　　　7　　　4 7
　+　　7　　+　 7

⑯　　　5　　　6 5
　+　　8　　+　 8

⑰　　　4　　　3 4
　+　　7　　+　 7

⑱　　　8　　　5 8
　+　　8　　+　 8

⑲　　　6　　　2 6
　+　　9　　+　 9

⑳　　　7　　　8 7
　+　　5　　+　 5

9

02 받아올림을 표시하여 세로셈하기

받아올림한 1은 십의 자리 수와 더해야 해!

● 받아올림을 표시하고 덧셈을 해 보세요.

①
```
     ①
     1  3
  +     9
  ─────────
     2  2
```
❶ 3+9=①2
❷ 10+10=20

②
```
     2  3
  +     9
  ─────────
```

③
```
     1  5
  +     5
  ─────────
```

④
```
     3  5
  +     5
  ─────────
```

⑤
```
     3  4
  +     7
  ─────────
```

⑥
```
     5  9
  +     3
  ─────────
```

⑦
```
     2  7
  +     5
  ─────────
```

⑧
```
     4  2
  +     9
  ─────────
```

⑨
```
     7  6
  +     8
  ─────────
```

⑩
```
     6  4
  +     8
  ─────────
```

⑪
```
     2  9
  +     5
  ─────────
```

⑫
```
     3  6
  +     4
  ─────────
```

⑬
```
     4  5
  +     7
  ─────────
```

⑭
```
     8  5
  +     6
  ─────────
```

⑮
```
     3  4
  +     9
  ─────────
```

⑯
```
     2  7
  +     7
  ─────────
```

⑰
```
     7  9
  +     6
  ─────────
```

⑱
```
     5  8
  +     8
  ─────────
```

⑲
```
     4  8
  +     9
  ─────────
```

⑳
```
     5  7
  +     8
  ─────────
```

㉑
```
    □
    2 7
+     8
─────────
```

㉒
```
    □
    1 5
+     6
─────────
```

㉓
```
    □
    2 9
+     9
─────────
```

㉔
```
    □
    4 8
+     7
─────────
```

㉕
```
    □
    6 9
+     3
─────────
```

㉖
```
    □
    5 6
+     8
─────────
```

㉗
```
    □
    3 7
+     7
─────────
```

㉘
```
    □
    6 8
+     5
─────────
```

㉙
```
    □
    3 3
+     9
─────────
```

㉚
```
    □
    2 5
+     8
─────────
```

㉛
```
    □
    4 8
+     8
─────────
```

㉜
```
    □
    6 7
+     5
─────────
```

㉝
```
    □
    8 7
+     6
─────────
```

㉞
```
    □
    7 8
+     9
─────────
```

㉟
```
    □
    6 5
+     9
─────────
```

㊱
```
    □
    8 6
+     7
─────────
```

㊲
```
    □
    4 8
+     6
─────────
```

㊳
```
    □
    6 3
+     9
─────────
```

㊴
```
    □
    8 7
+     7
─────────
```

㊵
```
    □
    3 9
+     7
─────────
```

03 받아올림을 표시하여 가로셈하기

받아올림한 수는 십의 자리 수 위에 작게 써.

● 받아올림을 표시하고 덧셈을 해 보세요.

① 4+7=1① ❶ ❷ 10+20=③0
$24+7=$ | 3 | 1 |

② $19+3=$ ☐ ☐

③ $45+6=$ ☐ ☐

④ $53+7=$ ☐ ☐

⑤ $35+6=$ ☐ ☐

⑥ $49+4=$ ☐ ☐

⑦ $49+9=$ ☐ ☐

⑧ $66+6=$ ☐ ☐

⑨ $29+8=$ ☐ ☐

⑩ $36+8=$ ☐ ☐

⑪ $89+8=$ ☐ ☐

⑫ $49+2=$ ☐ ☐

⑬ $68+3=$ ☐ ☐

⑭ $38+7=$ ☐ ☐

⑮ $65+7=$ ☐ ☐

⑯ $75+8=$ ☐ ☐

⑰ $43+9=$ ☐ ☐

⑱ $38+6=$ ☐ ☐

⑲ $46+4=$ ☐ ☐

⑳ $69+2=$ ☐ ☐

㉑ $77+6=$ ☐ ☐

㉒ $88+2=$ ☐ ☐

㉓ $57+7=$ ☐ ☐

㉔ $39+6=$ ☐ ☐

㉕ 17+6 = ☐☐

㉖ 38+3 = ☐☐

㉗ 25+7 = ☐☐

㉘ 88+5 = ☐☐

㉙ 53+8 = ☐☐

㉚ 65+6 = ☐☐

㉛ 27+5 = ☐☐

㉜ 19+4 = ☐☐

㉝ 49+6 = ☐☐

㉞ 71+9 = ☐☐

㉟ 18+8 = ☐☐

㊱ 33+8 = ☐☐

㊲ 55+7 = ☐☐

㊳ 69+7 = ☐☐

㊴ 84+8 = ☐☐

㊵ 34+9 = ☐☐

㊶ 65+8 = ☐☐

㊷ 47+5 = ☐☐

㊸ 14+7 = ☐☐

㊹ 77+5 = ☐☐

㊺ 49+8 = ☐☐

㊻ 68+6 = ☐☐

㊼ 56+7 = ☐☐

㊽ 85+7 = ☐☐

04 세로셈 ➕ 일의 자리, 십의 자리에 맞추어 써야 해.

● 덧셈을 해 보세요.

①
```
   2 8
 +   3
 ─────
   3 1
```
❶ 8+3=11
❷ 10+20=30

②
```
   3 2
 +   9
 ─────
```

③
```
   5 8
 +   7
 ─────
```

④
```
   4 3
 +   7
 ─────
```

⑤
```
   6 5
 +   6
 ─────
```

⑥
```
   4 6
 +   6
 ─────
```

⑦
```
   1 8
 +   9
 ─────
```

⑧
```
   2 6
 +   7
 ─────
```

⑨
```
   7 4
 +   8
 ─────
```

⑩
```
   2 8
 +   2
 ─────
```

⑪
```
   8 9
 +   3
 ─────
```

⑫
```
   7 5
 +   7
 ─────
```

⑬
```
   6 4
 +   7
 ─────
```

⑭
```
   5 9
 +   7
 ─────
```

⑮
```
   4 6
 +   9
 ─────
```

⑯
```
   7 6
 +   8
 ─────
```

⑰
```
   8 9
 +   2
 ─────
```

⑱
```
   5 8
 +   5
 ─────
```

⑲
```
   2 9
 +   8
 ─────
```

⑳
```
   3 9
 +   6
 ─────
```

㉑
```
   4 2
+    9
―――――
```

㉒
```
   3 8
+    7
―――――
```

㉓
```
   8 6
+    6
―――――
```

㉔
```
   3 7
+    4
―――――
```

㉕
```
   5 6
+    8
―――――
```

㉖
```
   6 5
+    7
―――――
```

㉗
```
   1 5
+    5
―――――
```

㉘
```
   4 3
+    8
―――――
```

㉙
```
   2 8
+    7
―――――
```

㉚
```
   3 1
+    9
―――――
```

㉛
```
   6 8
+    6
―――――
```

㉜
```
   8 9
+    9
―――――
```

㉝
```
   2 3
+    9
―――――
```

㉞
```
   4 4
+    8
―――――
```

㉟
```
   5 7
+    9
―――――
```

㊱
```
   3 8
+    8
―――――
```

㊲
```
   4 9
+    5
―――――
```

㊳
```
   5 6
+    6
―――――
```

㊴
```
   7 8
+    3
―――――
```

㊵
```
   8 7
+    8
―――――
```

㊶
```
    5 3
+     9
```

㊷
```
    7 5
+     9
```

㊸
```
    2 4
+     8
```

㊹
```
    5 7
+     6
```

㊺
```
    4 4
+     6
```

㊻
```
    3 5
+     7
```

㊼
```
    3 9
+     8
```

㊽
```
    8 3
+     8
```

㊾
```
    6 9
+     4
```

㊿
```
    5 7
+     5
```

51
```
    6 8
+     8
```

52
```
    7 7
+     7
```

53
```
    3 6
+     7
```

54
```
    4 5
+     6
```

55
```
    5 1
+     9
```

56
```
    6 4
+     9
```

57
```
    2 8
+     6
```

58
```
    8 8
+     9
```

59
```
    6 7
+     6
```

60
```
    4 8
+     5
```

05 가로셈 받아올림한 수를 잊지 말고 계산해야 해.

● 덧셈을 해 보세요.

① $29+9=38$
   ❶ $9+9=18$
   ❷ $10+20=30$

② $18+3=$

③ $37+5=$

④ $68+3=$

⑤ $32+8=$

⑥ $25+7=$

⑦ $55+5=$

⑧ $86+4=$

⑨ $39+2=$

⑩ $34+9=$

⑪ $29+6=$

⑫ $19+7=$

⑬ $87+6=$

⑭ $58+5=$

⑮ $87+8=$

⑯ $55+6=$

⑰ $63+8=$

⑱ $32+9=$

⑲ $28+9=$

⑳ $44+7=$

㉑ $57+9=$

㉒ $85+9=$

㉓ $69+4=$

㉔ $23+8=$

㉕ $45+8=$

㉖ $38+8=$

㉗ $46+6=$

㉘ $89+6=$

㉙ $56+8=$

㉚ $77+7=$

③ 49+3=

③ 88+6=

③ 27+8=

④ 63+7=

⑤ 43+7=

⑥ 89+2=

⑦ 74+8=

⑧ 86+8=

⑨ 66+9=

⑩ 47+6=

⑪ 59+6=

⑫ 89+4=

⑬ 64+6=

⑭ 29+3=

⑮ 82+8=

⑯ 83+9=

⑰ 41+9=

⑱ 57+7=

⑲ 37+8=

⑳ 76+8=

㉑ 27+3=

㉒ 86+7=

㉓ 44+9=

㉔ 56+5=

㉕ 35+6=

㉖ 49+2=

㉗ 54+8=

㉘ 35+5=

㉙ 88+7=

㉚ 72+8=

⁶¹ 66+6=

⁶² 59+8=

⁶³ 36+5=

⁶⁴ 72+9=

⁶⁵ 79+8=

⁶⁶ 59+2=

받아올림을 2번 할 수도 있어.

```
  1          1 1
  9 9        9 9
+   1   ➡  +   1
    0      1 0 0
```

⁶⁷ 68+8=

⁶⁸ 99+1=

⁶⁹ 45+6=

⁷⁰ 26+7=

⁷¹ 82+9=

⁷² 65+7=

⁷³ 76+7=

⁷⁴ 58+7=

⁷⁵ 32+8=

⁷⁶ 52+9=

⁷⁷ 46+9=

⁷⁸ 98+4=

```
  1          1 1
  9 8        9 8
+   4   ➡  +   4
    2      1 0 2
```

⁷⁹ 81+9=

⁸⁰ 84+7=

⁸¹ 65+9=

⁸² 79+7=

⁸³ 77+8=

⁸⁴ 28+3=

⁸⁵ 69+7=

⁸⁶ 89+9=

⁸⁷ 88+8=

⁸⁸ 74+8=

더하는 수를 계산하기 쉽게 가르기할 수 있어!

06 수를 쪼개어 더하기

● 덧셈을 해 보세요.

① $33+8=41$

$33+7+1=41$

40 — 41

② $27+9=$

$27+3+6=$

③ $56+8=$

$56+4+4=$

④ $49+4=$

$49+1+3=$

⑤ $67+8=$

$67+3+5=$

⑥ $78+7=$

$78+2+5=$

⑦ $53+8=$

$53+7+1=$

⑧ $59+6=$

$59+1+5=$

⑨ $86+7=$

$86+4+3=$

⑩ $72+9=$

$72+8+1=$

⑪ $38+7=$

$38+2+5=$

⑫ $37+5=$

$37+3+2=$

⑬ $48+8=$

$48+2+6=$

⑭ $64+7=$

$64+6+1=$

⑮ $76+5=$

$76+4+1=$

⑯ $34+8=$

$34+6+2=$

⑰ $52+9=$

$52+8+1=$

⑱ $57+8=$

$57+3+5=$

⑲ $76+9=$

$76+4+5=$

⑳ $48+3=$

$48+2+1=$

㉑ $69+9=$

$69+1+8=$

㉒ $37+6=$

$37+3+3=$

㉓ $88+9=$

$88+2+7=$

㉔ $76+7=$

$76+4+3=$

㉕ $45+9=$

$45+5+4=$

㉖ $59+8=$

$59+1+7=$

㉗ $38+6=$

$38+2+4=$

㉘ $24+9=$

$24+6+3=$

㉙ $65+8=$

$65+5+3=$

㉚ $53+9=$

$53+7+2=$

07 정해진 수 더하기

● 덧셈을 해 보세요.

① **8**을 더해 보세요.

	2 2		2 3		2 4		2 5		2 6
+	8	+	8						
	3 0		3 1						

② **5**를 더해 보세요.

3 3	3 4	3 5	3 6	3 7

③ **6**을 더해 보세요.

7 4	7 5	7 6	7 7	7 8

④ **7**을 더해 보세요.

9 1	9 2	9 3	9 4	9 5

⑤ **4를 더해 보세요.**

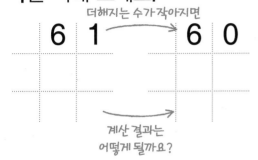
더해지는 수가 작아지면

6 1   →   6 0   5 9   5 8   5 7

계산 결과는
어떻게 될까요?

⑥ **8을 더해 보세요.**

3 5   3 4   3 3   3 2   3 1

⑦ **9를 더해 보세요.**

6 3   6 2   6 1   6 0   5 9

⑧ **3을 더해 보세요.**

8 9   8 8   8 7   8 6   8 5

식이 다른데 계산 결과는 같은 이유가 뭘까?

 08 다르면서 같은 덧셈

● 덧셈을 해 보세요.

① 78+3 = 81
79+2 = 81
80+1 = 81

커지는 만큼 작아져요.

② 24+7 =
25+6 =
26+5 =

③ 64+8 =
65+7 =
66+6 =

④ 58+5 =
59+4 =
60+3 =

⑤ 28+7 =
29+6 =
30+5 =

⑥ 36+8 =
37+7 =
38+6 =

⑦ 85+7 =
86+6 =
87+5 =

⑧ 74+9 =
75+8 =
76+7 =

⑨ 88+8 =
89+7 =
90+6 =

⑩ 47+7 =
48+6 =
49+5 =

⑪ 53+8 =
54+ ☐ =61
55+ ☐ =61

⑫ 66+9 =
☐ +8=75
☐ +7=75

⑬ 70+1 =

69+2 =

68+3 =

작아지는 만큼 커져요.

⑭ 91+1 =

90+2 =

89+3 =

⑮ 38+5 =

37+6 =

36+7 =

⑯ 67+6 =

66+7 =

65+8 =

⑰ 29+4 =

28+5 =

27+6 =

⑱ 58+6 =

57+7 =

56+8 =

⑲ 77+3 =

76+4 =

75+5 =

⑳ 40+7 =

39+8 =

38+9 =

㉑ 75+6 =

74+7 =

73+8 =

㉒ 93+7 =

92+8 =

91+9 =

㉓ 58+2 =

57+ ☐ =60

56+ ☐ =60

㉔ 89+6 =

☐ +7=95

☐ +8=95

덧셈은 순서를 바꾸어 계산해도 계산 결과가 같아.

09 바꾸어 더하기

● 덧셈을 하고 계산 결과를 비교해 보세요.

① 22 + 9 = 31
   9 + 22 = 31

② 34 + 8 = ____
   8 + 34 = ____

③ 45 + 5 = ____
   5 + 45 = ____

④ 88 + 6 = ____
   6 + 88 = ____

⑤ 57 + 9 = ____
   9 + 57 = ____

⑥ 36 + 6 = ____
   6 + 36 = ____

⑦ 26 + 5 = ____
   5 + ____ = 31

⑧ 65 + 7 = ____
   7 + ____ = 72

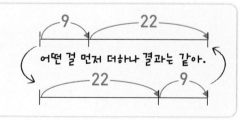
어떤 걸 먼저 더하나 결과는 같아.

⑨ 39 + 8 = ____
   ____ + 39 = 47

10 계산하지 않고 크기 비교하기

● 계산하지 않고 크기를 비교하여 ○ 안에 >, =, <를 써 보세요.

① 39+5 ⟩ 39

39+5는 39보다 5만큼 더 큰 수예요.

② 26+0 ○ 26

③ 88 ○ 88+3

④ 15 ○ 15+9

⑤ 39+8 ○ 39+2

더 큰 수를 더한 쪽이 더 커요.

⑥ 46+6 ○ 46+5

⑦ 69+1 ○ 69+3

⑧ 53+8 ○ 53+9

⑨ 62+9 ○ 62+8

⑩ 28+0 ○ 28+3

⑪ 57+5 ○ 54+5

⑫ 42+5 ○ 46+5

⑬ 55+6 ○ 56+6

⑭ 36+8 ○ 35+8

⑮ 77+3 ○ 79+3

⑯ 98+2 ○ 99+2

11 식 완성하기 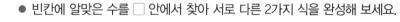 두 수만 찾으면 돼. 덧셈이니까 자리를 바꿀 수 있잖아.

● 빈칸에 알맞은 수를 □ 안에서 찾아 서로 다른 2가지 식을 완성해 보세요.

①

| 9 | 8 | 24 | 5 |

__24__ + __9__ =33

더해서 33이 되는 두 수는 24와 9예요.

__9__ + __24__ =33

더하는 순서를 바꾸면 또 다른 덧셈식을 만들 수 있어요.

②

| 9 | 6 | 35 | 8 |

_____ + _____ =41

_____ + _____ =41

③

| 8 | 47 | 7 | 5 |

_____ + _____ =54

_____ + _____ =54

④

| 6 | 52 | 9 | 8 |

_____ + _____ =60

_____ + _____ =60

⑤

| 63 | 7 | 9 | 8 |

_____ + _____ =72

_____ + _____ =72

⑥

| 3 | 5 | 39 | 4 |

_____ + _____ =44

_____ + _____ =44

⑦

| 5 | 18 | 16 | 8 |

_____ + _____ =26

_____ + _____ =26

⑧

| 7 | 76 | 81 | 8 |

_____ + _____ =83

_____ + _____ =83

12 등식 완성하기 ➕ '='의 양쪽은 같아.

● '='의 양쪽이 같게 되도록 ☐ 안에 알맞은 수를 써 보세요.

① $28+4 = 30+\boxed{2}$

+2 ↓ ↓ -2
30 + 2

② $39+2 = \boxed{}+1$

③ $17+6 = 20+\boxed{}$

④ $48+7 = \boxed{}+5$

⑤ $59+4 = 60+\boxed{}$

⑥ $29+6 = \boxed{}+5$

⑦ $68+5 = 70+\boxed{}$

⑧ $77+7 = \boxed{}+4$

⑨ $38+9 = 48-\boxed{}$

9를 10-1로 생각해 봐요.

⑩ $86+8 = 96-\boxed{}$

⑪ $75+9 = 85-\boxed{}$

⑫ $54+8 = 64-\boxed{}$

⑬ $83+8 = 93-\boxed{}$

⑭ $59+9 = 69-\boxed{}$

공부한 날: 월 일 5일차 ← 29

받아올림이 한 번 있는
(몇십몇)+(몇십몇)

각 자리 수끼리의 합이 10이거나 10보다 크면 윗자리로 받아올림해.

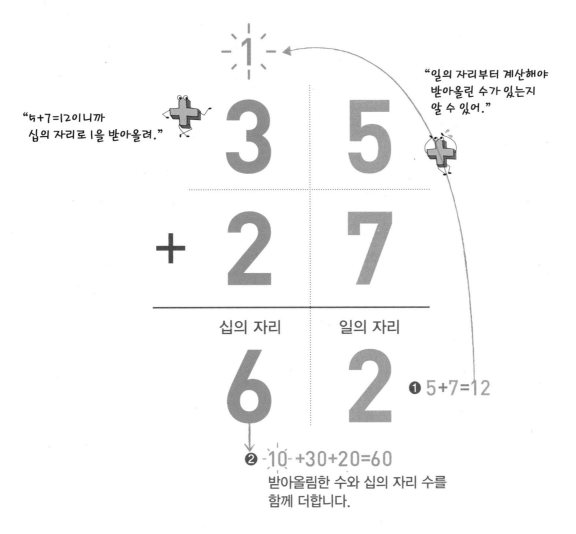

"5+7=12이니까
십의 자리로 1을 받아올려."

"일의 자리부터 계산해야
받아올린 수가 있는지
알 수 있어."

3 5
+ 2 7

십의 자리   일의 자리

6 2   ❶ 5+7=12

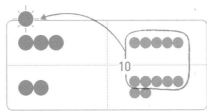

❷ 10 +30+20=60
받아올림한 수와 십의 자리 수를
함께 더합니다.

"구슬 12개를 다 들고 다니려니
힘들다, 힘들어.ㅠㅠ
어떻게 하지?"

"아! 일의 자리 구슬 10개를 모아
십의 자리 구슬 1개로 변신시켜야겠다.
그럼 ●●● 만 들고 다니면 되네!"

● 십 ● 일
● = ●●●●●

01 세로셈 ✚ ⟶ 세로셈이니까 일의 자리끼리, 십의 자리끼리 더하기 쉽겠지?

● 덧셈을 해 보세요.

①
```
   2 5
+  3 5
-------
   6 0
```
❶ 5+5=10
❷ 10+20+30=60

②
```
   4 7
+  4 5
-------
```

③
```
   8 1
+  4 7
-------
```
❶ 7+5=12
❷ 1+4+4=9

④
```
   1 0
+  9 7
-------
```
↳ 십의 자리에서 받아올림한 수는 답의 백의 자리에 써요.

⑤
```
   4 7
+  3 6
-------
```

⑥
```
   3 7
+  4 3
-------
```

⑦
```
   1 9
+  5 2
-------
```

⑧
```
   4 9
+  1 4
-------
```

⑨
```
   2 8
+  1 8
-------
```

⑩
```
   6 4
+  4 3
-------
```

⑪
```
   5 7
+  9 0
-------
```

⑫
```
   7 1
+  8 3
-------
```

⑬
```
   5 7
+  3 3
-------
```

⑭
```
   3 5
+  2 8
-------
```

⑮
```
   8 0
+  4 0
-------
```

⑯
```
   2 8
+  5 6
-------
```

⑰
```
   4 9
+  2 9
-------
```

⑱
```
   2 8
+  3 9
-------
```

⑲
```
   5 3
+  6 2
-------
```

⑳
```
   5 9
+  1 5
-------
```

㉑
```
   3 4
+  2 6
-------
```

㉒
```
   2 3
+  5 9
-------
```

㉓
```
   7 1
+  8 4
-------
```

㉔
```
   6 1
+  7 4
-------
```

㉕
```
   9 2
 + 9 0
```

㉖
```
   3 5
 + 4 5
```

㉗
```
   2 7
 + 9 2
```

㉘
```
   7 5
 + 7 2
```

㉙
```
   6 9
 + 2 7
```

㉚
```
   3 4
 + 9 5
```

㉛
```
   1 5
 + 4 9
```

㉜
```
   2 3
 + 1 8
```

㉝
```
   1 3
 + 2 7
```

㉞
```
   4 6
 + 4 6
```

㉟
```
   8 3
 + 7 0
```

㊱
```
   1 5
 + 5 9
```

㊲
```
   3 7
 + 3 5
```

㊳
```
   1 6
 + 3 5
```

㊴
```
   4 8
 + 3 2
```

㊵
```
   3 5
 + 4 6
```

㊶
```
   3 5
 + 1 5
```

㊷
```
   2 8
 + 1 7
```

㊸
```
   2 6
 + 3 8
```

㊹
```
   9 4
 + 2 5
```

㊺
```
   5 4
 + 5 2
```

㊻
```
   3 6
 + 1 7
```

㊼
```
   1 6
 + 2 5
```

㊽
```
   2 9
 + 6 3
```

세로셈이니까 일의 자리끼리, 십의 자리끼리 더하기 쉽겠지?

㊾ $\begin{array}{r} 40 \\ +\ 93 \\ \hline \end{array}$

㊿ $\begin{array}{r} 28 \\ +\ 24 \\ \hline \end{array}$

(51) $\begin{array}{r} 76 \\ +\ 33 \\ \hline \end{array}$

(52) $\begin{array}{r} 24 \\ +\ 46 \\ \hline \end{array}$

(53) $\begin{array}{r} 44 \\ +\ 19 \\ \hline \end{array}$

(54) $\begin{array}{r} 77 \\ +\ 31 \\ \hline \end{array}$

(55) $\begin{array}{r} 51 \\ +\ 98 \\ \hline \end{array}$

(56) $\begin{array}{r} 70 \\ +\ 98 \\ \hline \end{array}$

(57) $\begin{array}{r} 93 \\ +\ 23 \\ \hline \end{array}$

(58) $\begin{array}{r} 48 \\ +\ 49 \\ \hline \end{array}$

(59) $\begin{array}{r} 72 \\ +\ 53 \\ \hline \end{array}$

(60) $\begin{array}{r} 55 \\ +\ 36 \\ \hline \end{array}$

(61) $\begin{array}{r} 26 \\ +\ 38 \\ \hline \end{array}$

(62) $\begin{array}{r} 28 \\ +\ 54 \\ \hline \end{array}$

(63) $\begin{array}{r} 83 \\ +\ 94 \\ \hline \end{array}$

(64) $\begin{array}{r} 53 \\ +\ 27 \\ \hline \end{array}$

(65) $\begin{array}{r} 49 \\ +\ 27 \\ \hline \end{array}$

(66) $\begin{array}{r} 35 \\ +\ 55 \\ \hline \end{array}$

(67) $\begin{array}{r} 81 \\ +\ 61 \\ \hline \end{array}$

(68) $\begin{array}{r} 67 \\ +\ 51 \\ \hline \end{array}$

(69) $\begin{array}{r} 43 \\ +\ 29 \\ \hline \end{array}$

(70) $\begin{array}{r} 82 \\ +\ 76 \\ \hline \end{array}$

(71) $\begin{array}{r} 19 \\ +\ 49 \\ \hline \end{array}$

(72) $\begin{array}{r} 94 \\ +\ 15 \\ \hline \end{array}$

덧셈의 원리

세로셈은 자리를 맞추어 써야 해.

02 세로셈으로 고쳐서 계산하기

● 세로셈으로 쓰고 덧셈을 해 보세요.

① 16+29

```
  1 6
+ 2 9
─────
  4 5
```
❶ 6+9=15
❷ 1+1+2=4

② 57+91

③ 18+48

④ 29+11

⑤ 90+94

⑥ 63+42

⑦ 29+47

⑧ 33+28

⑨ 73+19

⑩ 45+25

⑪ 53+71

⑫ 80+67

⑬ 47+47

⑭ 25+56

⑮ 60+79

⑯ 61+85

⑰ 66+60

⑱ 43+96

⑲ 37+46

⑳ 92+73

㉑ 38+38

㉒ 96+53

㉓ 74+19

㉔ 65+52

㉕ 36+27

㉖ 43+39

㉗ 17+28

㉘ 82+54

㉙ 71+71

㉚ 23+96

㉛ 79+18

㉜ 45+83

㉝ 16+47

㉞ 39+36

㉟ 60+92

㊱ 88+21

03 가로셈

 가로셈을 할 때도 **받아올림** 표시를 하면 편해.

● 덧셈을 해 보세요.

① 36+37 = 73
  ❶ 일의 자리: 6+7=13
  ❷ 십의 자리: 1+3+3=7

② 84+73 =
  ❶ 일의 자리: 4+3=7
  ❷ 십의 자리: 8+7=15
  ❸ 백의 자리: 1

③ 13+47 =

④ 63+19 =

⑤ 40+78 =

⑥ 39+26 =

⑦ 85+64 =

⑧ 35+58 =

⑨ 25+45 =

⑩ 29+22 =

⑪ 90+73 =

⑫ 82+52 =

⑬ 74+35 =

⑭ 78+17 =

⑮ 64+83 =

⑯ 81+98 =

⑰ 16+36 =

⑱ 72+54 =

⑲ 24+56 =

⑳ 83+30 =

㉑ 71+35 =

㉒ 39+54 =

㉓ 46+92 =

㉔ 67+17 =

㉕ 43+85=

㉖ 74+72=

㉗ 16+67=

㉘ 36+56=

㉙ 62+28=

㉚ 82+92=

㉛ 57+14=

㉜ 78+19=

㉝ 80+87=

㉞ 44+39=

㉟ 27+91=

㊱ 34+26=

㊲ 28+24=

㊳ 67+82=

㊴ 77+18=

㊵ 36+73=

㊶ 93+45=

㊷ 29+35=

㊸ 55+82=

㊹ 63+29=

㊺ 81+43=

㊻ 96+62=

㊼ 54+73=

㊽ 37+49=

더하는 수의 크기가 변하면 계산 결과는 어떻게 달라질까?

04 여러 가지 수 더하기

● 덧셈을 해 보세요.

① 34 + [15 / 16 / 17 / 18 / 19] = [49 / 50 / 51 / /]

더하는 수가
커지면

계산 결과도
커져요.

② 27 + [44 / 45 / 46 / 47 / 48] = [/ / / /]

③ 56 + [34 / 35 / 36 / 37 / 38] = [/ / / /]

④ 46 + [20 / 22 / 24 / 26 / 28] = [/ / / /]

⑤ 18 + [71 / 73 / 75 / 77 / 79] = [/ / / /]

⑥ 45 + [23 / 25 / 27 / 29 / 31] = [/ / / /]

⑦ 15 +
10
15
20
25
30
=

⑧ 68 +
10
20
30
40
50
=

⑨ 53 +
40
50
60
70
80
=

⑩ 26 +
17
27
37
47
57
=

⑪ 39 +
11
22
33
44
55
=

⑫ 37 +
19
28
37
46
55
=

더해지는 수에 따라 계산 결과의 크기가 달라져.

05 정해진 수 더하기

● 덧셈을 해 보세요.

① **33**을 더해 보세요.

	1	6
+	3	3
	4	9

더해지는 수가 커지면

계산 결과도 커져요.

	1	7

	1	8

	1	9

② **52**를 더해 보세요.

	5	5

	6	5

	7	5

	8	5

③ **27**을 더해 보세요.

	1	3

	1	5

	1	7

	1	9

④ **35**를 더해 보세요.

	3	5

	4	0

	4	5

	5	0

⑤ **74를 더해 보세요.**

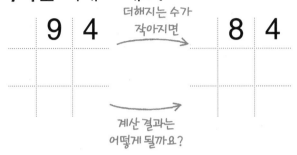

	9	4

더해지는 수가 작아지면

	8	4

계산 결과는 어떻게 될까요?

	7	4

	6	4

⑥ **46을 더해 보세요.**

	4	9

	4	8

	4	7

	4	6

⑦ **19를 더해 보세요.**

	7	9

	6	9

	5	9

	4	9

⑧ **61을 더해 보세요.**

	9	4

	9	2

	9	0

	8	8

06 다르면서 같은 덧셈

식이 다른데 왜 계산 결과가 같을까?

● 덧셈을 해 보세요.

① 19+21= 40

　20+20=

커지는 만큼 작아져요.

② 29+41=

　30+40=

③ 39+11=

　40+10=

④ 15+35=

　20+30=

⑤ 45+25=

　50+20=

⑥ 50+52=

　60+42=

⑦ 30+94=

　40+84=

⑧ 22+38=

　32+28=

⑨ 67+50=

　77+40=

⑩ 65+28=☐

　75+☐=93

⑪ 21+29 =

20+30 =

작아지는 만큼 커져요.

⑫ 41+39 =

40+40 =

⑬ 51+19 =

50+20 =

⑭ 35+55 =

30+60 =

⑮ 65+15 =

60+20 =

⑯ 80+23 =

70+33 =

⑰ 40+71 =

30+81 =

⑱ 26+24 =

16+34 =

⑲ 73+80 =

63+90 =

⑳ 45+16 = ☐

35+ ☐ =61

수의 크기만 비교해도 알 수 있어.

07 계산하지 않고 크기 비교하기

● 계산하지 않고 크기를 비교하여 ○ 안에 >, <를 써 보세요.

① 62+⑤⓪ ⟩ 62+④⓪

더 큰 수를 더한 쪽이 더 커요.

② 43+29 ◯ 43+41

③ 35+55 ◯ 35+46

④ 19+23 ◯ 19+24

⑤ 28+33 ◯ 28+37

⑥ 75+72 ◯ 75+62

⑦ 39+56 ◯ 41+56

⑧ 61+43 ◯ 56+43

⑨ 27+34 ◯ 26+34

⑩ 23+59 ◯ 18+59

⑪ 39+28 ◯ 47+28

더한 수끼리만 비교하면 돼.

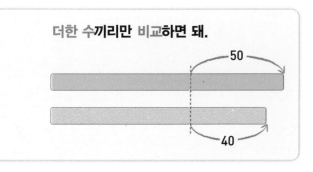

⑫ 18+35 ◯ 24+35

08 편리한 방법으로 더하기(1)

● 계산하기 편리하도록 수를 바꾸어 덧셈을 해 보세요.

① $29 + 42 = \underline{71}$ ❸ 72에서 다시 1을 빼요.

$+1\downarrow \qquad\qquad \uparrow -1$

$\underline{30} + 42 = \underline{72}$

❶ 29에 1을 더해서 30을 만들어요. ❷ 30과 42를 더해요.

② $39 + 23 = \underline{}$

$+1\downarrow \qquad\qquad \uparrow -1$

$\underline{} + 23 = \underline{}$

③ $59 + 14 = \underline{}$

$+1\downarrow \qquad\qquad \uparrow -1$

$\underline{} + 14 = \underline{}$

④ $19 + 35 = \underline{}$

$+1\downarrow \qquad\qquad \uparrow -1$

$\underline{} + 35 = \underline{}$

⑤ $49 + 32 = \underline{}$

$+1\downarrow \qquad\qquad \uparrow -1$

$\underline{} + 32 = \underline{}$

⑥ $29 + 64 = \underline{}$

$+1\downarrow \qquad\qquad \uparrow -1$

$\underline{} + 64 = \underline{}$

⑦ $18 + 25 = \underline{}$

$+2\downarrow \qquad\qquad \uparrow -2$

$\underline{} + 25 = \underline{}$

⑧ $58 + 24 = \underline{}$

$+2\downarrow \qquad\qquad \uparrow -2$

$\underline{} + 24 = \underline{}$

몇십으로 생각하여 더하면 훨씬 쉽지.

⑨ 43 + 19 = ____

      ↓+1   ↑-1

  43 + ____ = ____

⑩ 52 + 29 = ____

      ↓+1   ↑-1

  52 + ____ = ____

⑪ 15 + 49 = ____

      ↓+1   ↑-1

  15 + ____ = ____

⑫ 22 + 39 = ____

      ↓+1   ↑-1

  22 + ____ = ____

⑬ 13 + 59 = ____

      ↓+1   ↑-1

  13 + ____ = ____

⑭ 34 + 19 = ____

      ↓+1   ↑-1

  34 + ____ = ____

⑮ 53 + 28 = ____

      ↓+2   ↑-2

  53 + ____ = ____

⑯ 25 + 48 = ____

      ↓+2   ↑-2

  25 + ____ = ____

몇십이 되는 계산을 먼저 하면 편리해.

09 편리한 방법으로 더하기(2)

● 같은 자리끼리 먼저 더하여 덧셈을 해 보세요.

① 35 + 25

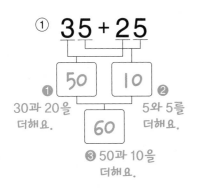

50 10

❶ 30과 20을 더해요.   ❷ 5와 5를 더해요.

60

❸ 50과 10을 더해요.

② 43 + 37

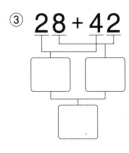

③ 28 + 42

④ 14 + 46

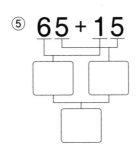

⑤ 65 + 15

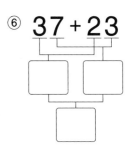

⑥ 37 + 23

⑦ 21 + 59

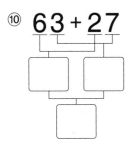

⑧ 78 + 12

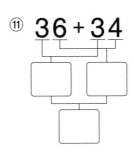

⑨ 53 + 17

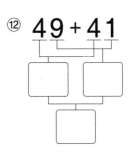

⑩ 63 + 27

⑪ 36 + 34

⑫ 49 + 41

+3 받아올림이 두 번 있는 (몇십몇)+(몇십몇)

각 자리 수끼리의 합이 10이거나 10보다 크면 윗자리로 받아올림해.

"십의 자리로 1, 백의 자리로 1을 연달아 받아올려."

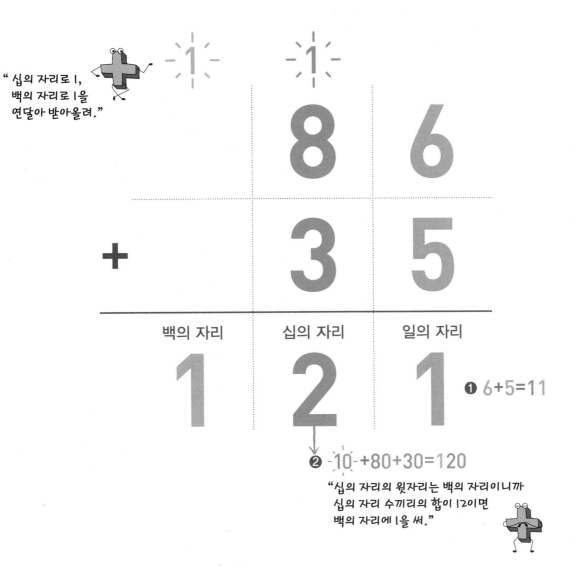

	십의 자리	일의 자리
	8	6
+	3	5

백의 자리	십의 자리	일의 자리
1	2	1

❶ 6+5=11

❷ 10 +80+30=120

"십의 자리의 윗자리는 백의 자리이니까 십의 자리 수끼리의 합이 12이면 백의 자리에 1을 써."

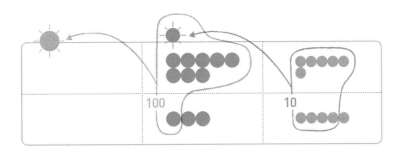

100 10

백 십 일

01 세로셈 ➕ 세로셈이니까 일의 자리끼리, 십의 자리끼리 더하기 쉽겠지?

● 덧셈을 해 보세요.

①
```
    2 8
+   8 2
---------
```
❶ 8+2=10
❷ 10+20+80=110

②
```
    3 4
+   6 6
---------
```
❶ 4+6=10
❷ 1+3+6=10

③
```
    8 6
+   3 8
---------
```

④
```
    8 9
+   9 5
---------
```

⑤
```
    6 7
+   8 6
---------
```

⑥
```
    5 6
+   5 6
---------
```

⑦
```
    8 7
+   2 7
---------
```

⑧
```
    8 4
+   1 8
---------
```

⑨
```
    4 5
+   5 7
---------
```

⑩
```
    3 7
+   7 8
---------
```

⑪
```
    5 8
+   6 2
---------
```

⑫
```
    7 3
+   5 9
---------
```

⑬
```
    8 4
+   4 7
---------
```

⑭
```
    4 9
+   9 7
---------
```

⑮
```
    5 8
+   6 4
---------
```

⑯
```
    4 9
+   5 1
---------
```

⑰
```
    9 8
+   9 9
---------
```

⑱
```
    8 5
+   4 6
---------
```

⑲
```
    7 8
+   8 2
---------
```

⑳
```
    6 7
+   9 7
---------
```

㉑
```
    3 9
+   7 6
---------
```

㉒
```
    8 8
+   3 4
---------
```

㉓
```
    9 8
+   4 7
---------
```

㉔
```
    8 3
+   2 8
---------
```

㉕
```
    6 9
+   3 4
```

㉖
```
    4 7
+   8 3
```

㉗
```
    6 9
+   7 2
```

㉘
```
    9 8
+   3 5
```

㉙
```
    3 6
+   7 8
```

㉚
```
    9 4
+   4 9
```

㉛
```
    6 8
+   5 2
```

㉜
```
    5 7
+   7 6
```

㉝
```
    7 5
+   8 8
```

㉞
```
    5 9
+   9 8
```

㉟
```
    3 9
+   6 9
```

㊱
```
    8 8
+   5 2
```

㊲
```
    4 7
+   9 4
```

㊳
```
    8 1
+   4 9
```

㊴
```
    5 8
+   5 7
```

㊵
```
    6 7
+   7 6
```

㊶
```
    3 3
+   7 9
```

㊷
```
    8 5
+   4 7
```

㊸
```
    9 7
+   9 7
```

㊹
```
    5 8
+   6 3
```

㊺
```
    8 5
+   6 7
```

㊻
```
    7 5
+   7 8
```

53

세로셈이니까 일의 자리끼리, 십의 자리끼리 더하기 쉽겠지?

㊼ $87 + 35$

㊽ $94 + 49$

㊾ $37 + 95$

㊿ $59 + 53$

(51) $42 + 78$

(52) $85 + 56$

(53) $68 + 48$

(54) $39 + 95$

(55) $86 + 76$

(56) $45 + 78$

(57) $34 + 98$

(58) $99 + 21$

(59) $26 + 76$

(60) $43 + 67$

(61) $19 + 89$

(62) $93 + 78$

(63) $34 + 79$

(64) $67 + 58$

(65) $56 + 85$

(66) $59 + 95$

(67) $85 + 67$

(68) $88 + 46$

(69) $93 + 88$

(70) $26 + 79$

세로셈은 **자리를 맞추어 써야 해.**

02 세로셈으로 고쳐서 계산하기

● 세로셈으로 쓰고 덧셈을 해 보세요.

① 52+58

```
    5   2
+   5   8
─────────
        0   ❶ 2+8=10
            ❷ 1+5+5=11
```

② 49+54

③ 91+89

④ 37+85

⑤ 93+38

⑥ 64+76

⑦ 77+97

⑧ 56+69

⑨ 45+87

⑩ 34+76

⑪ 48+94

⑫ 29+98

세로셈은 자리를 맞추어 써야 해.

⑬ 55+65

⑭ 92+28

⑮ 48+56

⑯ 49+92

⑰ 67+59

⑱ 63+79

⑲ 97+85

⑳ 99+17

㉑ 47+86

㉒ 78+73

㉓ 68+69

㉔ 44+76

㉕ 58+99

㉖ 46+78

㉗ 94+37

㉘ 85+67

㉙ 38+95

㉚ 57+46

㉛ 83+29

㉜ 96+69

㉝ 72+58

㉞ 57+66

㉟ 89+87

㊱ 76+65

03 가로셈

 가로셈을 할 때도 **받아올림** 표시를 하면 편해.

● 덧셈을 해 보세요.

① 54+66 = 120
  ❶ 일의 자리: 4+6=10
  ❷ 십의 자리: 1+5+6=12

② 93+19 =

③ 37+73 =

④ 37+68 =

⑤ 45+96 =

⑥ 56+49 =

⑦ 71+59 =

⑧ 96+25 =

⑨ 85+85 =

⑩ 64+58 =

⑪ 78+39 =

⑫ 46+69 =

⑬ 83+48 =

⑭ 87+87 =

⑮ 15+99 =

⑯ 97+53 =

⑰ 96+35 =

⑱ 76+46 =

⑲ 42+59 =

⑳ 28+85 =

㉑ 65+95 =

㉒ 18+97 =

㉓ 68+78 =

㉔ 85+47 =

㉕ 94+77=

㉖ 74+59=

㉗ 44+88=

㉘ 82+19=

㉙ 59+87=

㉚ 53+57=

㉛ 68+37=

㉜ 67+69=

㉝ 84+38=

㉞ 63+48=

㉟ 73+77=

㊱ 69+58=

㊲ 96+34=

㊳ 88+83=

㊴ 76+87=

㊵ 46+79=

㊶ 72+29=

㊷ 36+78=

㊸ 86+65=

㊹ 62+48=

㊺ 85+46=

㊻ 99+91=

㊼ 85+58=

㊽ 75+49=

더하는 수의 크기가 변하면 계산 결과는 어떻게 달라질까?

04 여러 가지 수 더하기

● 덧셈을 해 보세요.

① 28 + [82 / 83 / 84 / 85 / 86] = [110 / 111 / 112 / /]

더하는 수가   계산 결과도
커지면   커져요.

② 86 + [15 / 16 / 17 / 18 / 19] = [ ]

③ 67 + [45 / 55 / 65 / 75 / 85] = [ ]

④ 77 + [28 / 38 / 48 / 58 / 68] = [ ]

⑤ 75 + [75 / 80 / 85 / 90 / 95] = [ ]

⑥ 55 + [45 / 56 / 67 / 78 / 89] = [ ]

⑦ 39 +
| 89 |
| 88 |
| 87 |
| 86 |
| 85 |
=

더하는 수가 작아지면   계산 결과는 어떻게 될까요?

⑧ 95 +
| 23 |
| 21 |
| 19 |
| 17 |
| 15 |
=

⑨ 46 +
| 62 |
| 60 |
| 58 |
| 56 |
| 54 |
=

⑩ 82 +
| 99 |
| 89 |
| 79 |
| 69 |
| 59 |
=

⑪ 90 +
| 55 |
| 50 |
| 45 |
| 40 |
| 35 |
=

⑫ 45 +
| 99 |
| 88 |
| 77 |
| 66 |
| 55 |
=

식이 다른데 왜 계산 결과가 같을까?

05 다르면서 같은 덧셈

● 덧셈을 해 보세요.

① 78+66= 144

79+65= 144

80+64=

커지는 만큼 작아져요.

② 28+84=

29+83=

30+82=

③ 48+58=

49+57=

50+56=

④ 25+75=

26+74=

27+73=

⑤ 71+79=

72+78=

73+77=

⑥ 83+47=

84+46=

85+45=

⑦ 72+98=

82+88=

92+78=

⑧ 53+67=☐

63+57=☐

73+☐=120

⑨ 55+78 =

54+79 =

53+80 =

작아지는 만큼 커져요.

⑩ 57+63 =

56+64 =

55+65 =

⑪ 99+88 =

98+89 =

97+90 =

⑫ 39+61 =

38+62 =

37+63 =

⑬ 40+78 =

39+79 =

38+80 =

⑭ 68+74 =

58+84 =

48+94 =

⑮ 95+46 =

85+56 =

75+66 =

⑯ 50+56 = ☐

48+58 = ☐

46+ ☐ =106

합해서 모두 얼마인지 구할 땐 **덧셈**을 해.

06 합하면 모두 얼마가 될까?

● 합한 후 우유의 전체 양을 구해 보세요.

①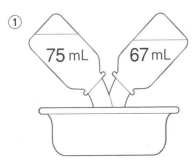

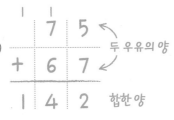

```
  1 1
    7 5   ← 두 우유의 양
+ 6 7   ↙
─────────
  1 4 2   합한 양
```

__142 mL__

계산 결과에 단위를 붙여요.
mL(밀리리터)는 우유의 양을
나타내는 단위예요.

②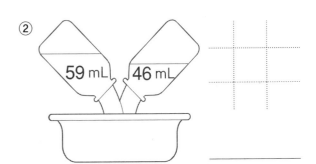

③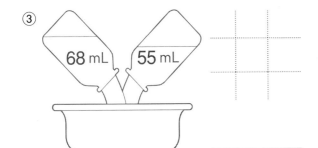

④

⑤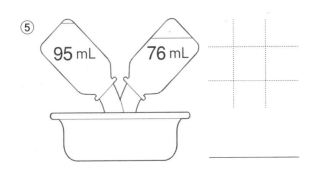

⑥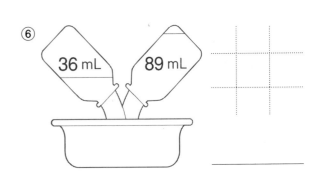

늘어난 결과를 구할 땐 덧셈을 해.

07 늘어나면 모두 얼마가 될까?

● 늘어난 후 우유의 전체 양을 구해 보세요.

①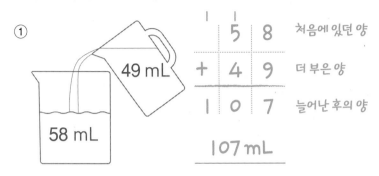

```
  1   1
      5   8    처음에 있던 양
+     4   9    더 부은 양
─────────────
  1   0   7    늘어난 후의 양
```

107 mL

②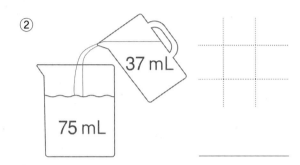

③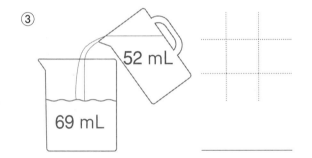

④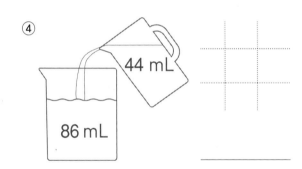

⑤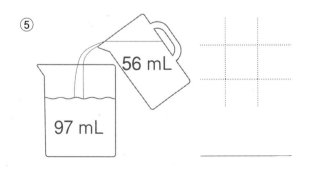

⑥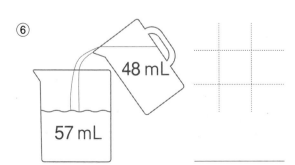

08 편리한 방법으로 더하기(1)

몇십으로 생각하여 더하면 훨씬 쉽지.

● 계산하기 편리하도록 수를 바꾸어 덧셈을 해 보세요.

① 59 + 63 = 122   ❸ 123에서 다시
                        1을 빼요.
  ↓+1   ↑-1

  60 + 63 = 123

  ❶ 59에 1을 더해서   ❷ 60과 63을
    60을 만들어요.   더해요.

② 52 + 69 = ＿＿＿
        ↓+1   ↑-1
  52 + ＿＿＿ = ＿＿＿

③ 89 + 74 = ＿＿＿
  ↓+1   ↑-1
  ＿＿＿ + 74 = ＿＿＿

④ 24 + 79 = ＿＿＿
        ↓+1   ↑-1
  24 + ＿＿＿ = ＿＿＿

⑤ 49 + 83 = ＿＿＿
  ↓+1   ↑-1
  ＿＿＿ + 83 = ＿＿＿

⑥ 35 + 89 = ＿＿＿
        ↓+1   ↑-1
  35 + ＿＿＿ = ＿＿＿

⑦ 48 + 94 = ＿＿＿
  ↓+2   ↑-2
  ＿＿＿ + 94 = ＿＿＿

⑧ 65 + 78 = ＿＿＿
        ↓+2   ↑-2
  65 + ＿＿＿ = ＿＿＿

몇백, 몇십이 되는 계산을 먼저 하면 편리해.

09 편리한 방법으로 더하기(2)

● 같은 자리끼리 먼저 더하여 덧셈을 해 보세요.

① 76 + 34

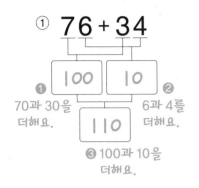

100   10

❶ 70과 30을 더해요.
❷ 6과 4를 더해요.

110

❸ 100과 10을 더해요.

② 63 + 47

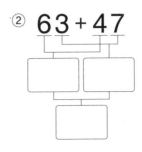

③ 72 + 68

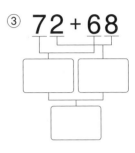

④ 89 + 81

⑤ 75 + 85

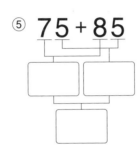

⑥ 51 + 69

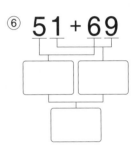

⑦ 89 + 41

⑧ 96 + 84

⑨ 97 + 13

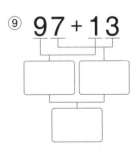

⑩ 48 + 72

⑪ 32 + 98

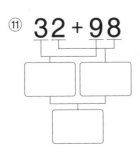

⑫ 95 + 95

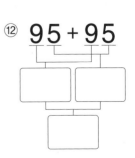

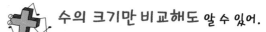

10 계산하지 않고 크기 비교하기

수의 크기만 비교해도 알 수 있어.

● 계산하지 않고 크기를 비교하여 ○ 안에 >, <를 써 보세요.

① 59+46 ⧀ 59+66
더 큰 수를 더한 쪽이 더 커요.

② 54+78 ○ 54+68

③ 68+33 ○ 68+55

④ 99+42 ○ 99+35

⑤ 42+89 ○ 42+78

⑥ 86+37 ○ 86+49

⑦ 76+69 ○ 76+65

⑧ 79+64 ○ 78+64

⑨ 54+88 ○ 64+88

⑩ 68+47 ○ 58+47

⑪ 37+74 ○ 48+74

⑫ 69+77 ○ 58+77

⑬ 43+97 ○ 38+97

⑭ 86+55 ○ 95+55

11 100이 되는 식 완성하기

10이 되는 두 수를 이용하여 100이 되는 덧셈을 생각해 봐.

● 빈칸에 알맞은 수를 써 보세요.

① 90+___10___ =100

10은 9보다 → 100은 90보다
1만큼 더 큰 수   10만큼 더 큰 수

② 50+_____ =100

③ 95+_____ =100

④ 91+_____ =100

⑤ 94+_____ =100

⑥ 97+_____ =100

⑦ 85+_____ =100

⑧ 55+_____ =100

⑨ 35+_____ =100

⑩ 25+_____ =100

⑪ 63+_____ =100

⑫ 44+_____ =100

⑬ 27+_____ =100

⑭ 82+_____ =100

⑮ 38+_____ =100

⑯ 71+_____ =100

12 덧셈식 완성하기 ✚ 합을 보고 어떤 수와 더했는지 생각해 봐.

● 주어진 수 중에서 하나를 골라 식을 완성해 보세요.

① 57 (58) 59   79+ [58] =137

일의 자리의 계산: 9와 더해서 17이 되는 수는 8이에요.

② 74 75 76   46+ ☐ =122

③ 95 96 97   58+ ☐ =153

④ 58 63 67   49+ ☐ =112

⑤ 35 39 43   ☐ +65=104

⑥ 75 79 84   ☐ +77=161

⑦ 63 69 74   ☐ +72=141

⑧ 36 45 53   ☐ +97=133

⑨

15	25	㉟

❶ 5와 더해서 10이 되는 수는 5예요.

$85 + \boxed{35} = 120$

❷ 9와 더해서 12가 되는 수는 3이에요.

⑩

75	85	95

$65 + \boxed{} = 150$

⑪

72	82	92

$48 + \boxed{} = 140$

⑫

76	86	96

$84 + \boxed{} = 160$

⑬

33	43	53

$\boxed{} + 97 = 130$

⑭

38	48	58

$\boxed{} + 56 = 114$

⑮

44	54	64

$\boxed{} + 88 = 132$

⑯

76	86	96

$\boxed{} + 39 = 125$

받아내림이 있는 (몇십몇)−(몇)

각 자리 수끼리 뺄 수 없으면 윗자리에서 받아내림해.

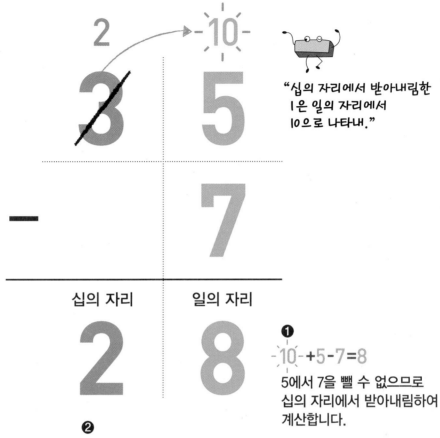

2

3̸ 5   -10-

−   7

십의 자리   일의 자리

2   8

"십의 자리에서 받아내림한
1은 일의 자리에서
10으로 나타내."

❶
-10-+5−7=8
5에서 7을 뺄 수 없으므로
십의 자리에서 받아내림하여
계산합니다.

❷
받아내림하고 남은 수를
십의 자리에 그대로 내려 씁니다.

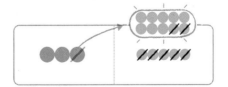

일의 자리끼리 **뺄 수 없으면** 십의 자리에서 **받아내림해.**

01 단계에 따라 계산하기

● 뺄셈을 해 보세요.

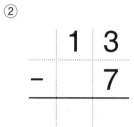

① 십의 자리에서 1을
받아내림하면 10이 돼요.

받아내리고 남은 수를 써요.

①

```
   1 0
 -   8
─────────
     2
```

```
  [2][10]
   3̸ 0
 -   8
─────────
   2   2    ❷ 10+0-8=2
```

❷ 10+0-8=2
❸ 받아내리고 남은 2를
십의 자리에 내려 써요.

②

```
   1 3
 -   7
```

```
   2 3
 -   7
```

③

```
   1 6
 -   8
```

```
   5 6
 -   8
```

④

```
   1 2
 -   3
```

```
   2 2
 -   3
```

⑤

```
   1 2
 -   5
```

```
   6 2
 -   5
```

⑥

```
   1 0
 -   4
```

```
   8 0
 -   4
```

⑦

```
   1 1
 -   9
```

```
   3 1
 -   9
```

⑧

```
   1 5
 -   6
```

```
   6 5
 -   6
```

⑨

```
   1 2
 -   6
```

```
   7 2
 -   6
```

⑩

```
   1 7
 -   9
```

```
   4 7
 -   9
```

⑪

```
    1 1        □ □
            8   1
 -      6  -     6
```

⑫

```
    1 4        □ □
            9   4
 -      9  -     9
```

⑬

```
    1 0        □ □
            5   0
 -      5  -     5
```

⑭

```
    1 6        □ □
            2   6
 -      9  -     9
```

⑮

```
    1 3        □ □
            4   3
 -      5  -     5
```

⑯

```
    1 1        □ □
            3   1
 -      2  -     2
```

⑰

```
    1 5        □ □
            6   5
 -      8  -     8
```

⑱

```
    1 4        □ □
            5   4
 -      6  -     6
```

⑲

```
    1 6        □ □
            7   6
 -      7  -     7
```

⑳

```
    1 2        □ □
            8   2
 -      8  -     8
```

받아내림을 하면 십의 자리 수가 1 작아진다는 것을 잊지 마!

02 받아내림을 표시하여 세로셈하기

● 받아내림을 표시하고 뺄셈을 해 보세요.

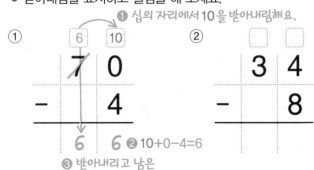

❶ 십의 자리에서 10을 받아내림해요.

①
$$
\begin{array}{c} \boxed{6}\ \boxed{10} \\ \begin{array}{r} 7\ 0 \\ -\quad 4 \\ \hline 6\ 6 \end{array} \end{array}
$$
❷ 10+0-4=6
❸ 받아내리고 남은 6을 내려 써요.

②
$$
\begin{array}{r} 3\ 4 \\ -\quad 8 \\ \hline \end{array}
$$

③
$$
\begin{array}{r} 8\ 2 \\ -\quad 4 \\ \hline \end{array}
$$

④
$$
\begin{array}{r} 2\ 6 \\ -\quad 7 \\ \hline \end{array}
$$

⑤
$$
\begin{array}{r} 4\ 5 \\ -\quad 9 \\ \hline \end{array}
$$

⑥
$$
\begin{array}{r} 3\ 6 \\ -\quad 9 \\ \hline \end{array}
$$

⑦
$$
\begin{array}{r} 6\ 3 \\ -\quad 9 \\ \hline \end{array}
$$

⑧
$$
\begin{array}{r} 2\ 3 \\ -\quad 5 \\ \hline \end{array}
$$

⑨
$$
\begin{array}{r} 8\ 1 \\ -\quad 3 \\ \hline \end{array}
$$

⑩
$$
\begin{array}{r} 5\ 5 \\ -\quad 6 \\ \hline \end{array}
$$

⑪
$$
\begin{array}{r} 9\ 2 \\ -\quad 4 \\ \hline \end{array}
$$

⑫
$$
\begin{array}{r} 3\ 6 \\ -\quad 8 \\ \hline \end{array}
$$

⑬
$$
\begin{array}{r} 4\ 3 \\ -\quad 7 \\ \hline \end{array}
$$

⑭
$$
\begin{array}{r} 3\ 2 \\ -\quad 3 \\ \hline \end{array}
$$

⑮
$$
\begin{array}{r} 5\ 0 \\ -\quad 4 \\ \hline \end{array}
$$

⑯
$$
\begin{array}{r} 8\ 5 \\ -\quad 6 \\ \hline \end{array}
$$

⑰
$$
\begin{array}{r} 9\ 0 \\ -\quad 1 \\ \hline \end{array}
$$

⑱
$$
\begin{array}{r} 4\ 1 \\ -\quad 7 \\ \hline \end{array}
$$

⑲
$$
\begin{array}{r} 6\ 4 \\ -\quad 6 \\ \hline \end{array}
$$

⑳
$$
\begin{array}{r} 9\ 6 \\ -\quad 8 \\ \hline \end{array}
$$

㉑
```
    □ □
    4 1
  -   6
  ─────
```

㉒
```
    □ □
    5 0
  -   9
  ─────
```

㉓
```
    □ □
    5 1
  -   7
  ─────
```

㉔
```
    □ □
    7 3
  -   8
  ─────
```

㉕
```
    □ □
    4 2
  -   8
  ─────
```

㉖
```
    □ □
    2 1
  -   5
  ─────
```

㉗
```
    □ □
    3 2
  -   5
  ─────
```

㉘
```
    □ □
    5 6
  -   8
  ─────
```

㉙
```
    □ □
    4 1
  -   3
  ─────
```

㉚
```
    □ □
    5 2
  -   3
  ─────
```

㉛
```
    □ □
    2 7
  -   9
  ─────
```

㉜
```
    □ □
    6 4
  -   8
  ─────
```

㉝
```
    □ □
    6 6
  -   9
  ─────
```

㉞
```
    □ □
    7 3
  -   4
  ─────
```

㉟
```
    □ □
    8 5
  -   7
  ─────
```

㊱
```
    □ □
    8 0
  -   2
  ─────
```

㊲
```
    □ □
    9 3
  -   5
  ─────
```

㊳
```
    □ □
    4 6
  -   8
  ─────
```

㊴
```
    □ □
    5 5
  -   9
  ─────
```

㊵
```
    □ □
    9 8
  -   9
  ─────
```

받아내린 10과 받아내림하고 남은 수를 작게 써 봐.

03 받아내림을 표시하여 가로셈하기

● 받아내림을 표시하고 뺄셈을 해 보세요.

① ❶ 10+1-5 =6

① $2\!\!\!/1-5=$ ☐ 1 ☐ 6

 ❷ 받아내림하고 남은 수를 써요.

② $32-8=$ ☐ ☐

③ $41-5=$ ☐ ☐

④ $50-3=$ ☐ ☐

⑤ $25-7=$ ☐ ☐

⑥ $73-4=$ ☐ ☐

⑦ $41-6=$ ☐ ☐

⑧ $58-9=$ ☐ ☐

⑨ $53-5=$ ☐ ☐

⑩ $61-8=$ ☐ ☐

⑪ $93-7=$ ☐ ☐

⑫ $80-9=$ ☐ ☐

⑬ $74-8=$ ☐ ☐

⑭ $85-6=$ ☐ ☐

⑮ $92-9=$ ☐ ☐

⑯ $67-9=$ ☐ ☐

⑰ $34-6=$ ☐ ☐

⑱ $63-4=$ ☐ ☐

⑲ $56-9=$ ☐ ☐

⑳ $62-5=$ ☐ ☐

㉑ $77-8=$ ☐ ☐

㉒ $45-8=$ ☐ ☐

㉓ $70-4=$ ☐ ☐

㉔ $85-9=$ ☐ ☐

㉕ 60-4= □□

㉖ 33-8= □□

㉗ 91-7= □□

㉘ 42-6= □□

㉙ 61-5= □□

㉚ 75-8= □□

㉛ 57-9= □□

㉜ 65-7= □□

㉝ 93-4= □□

㉞ 81-8= □□

㉟ 20-6= □□

㊱ 22-9= □□

㊲ 55-7= □□

㊳ 51-4= □□

㊴ 34-7= □□

㊵ 83-8= □□

㊶ 22-6= □□

㊷ 54-8= □□

㊸ 90-3= □□

㊹ 74-7= □□

㊺ 71-6= □□

㊻ 32-5= □□

㊼ 44-8= □□

㊽ 75-6= □□

04 세로셈   계산 결과는 일의 자리, 십의 자리에 맞추어 써야 해.

● 뺄셈을 해 보세요.

①
```
      2   10
      3    1
  -        9
  ─────────────
      2    2
```
❶ 10+1-9=2
❷ 2를 그대로 내려 써요.

②
```
      4    0
  -        7
```

③
```
      2    4
  -        5
```

④
```
      3    6
  -        9
```

⑤
```
      4    2
  -        3
```

⑥
```
      7    2
  -        8
```

⑦
```
      8    1
  -        5
```

⑧
```
      5    6
  -        7
```

⑨
```
      8    7
  -        9
```

⑩
```
      5    4
  -        6
```

⑪
```
      9    3
  -        6
```

⑫
```
      2    1
  -        3
```

⑬
```
      3    4
  -        8
```

⑭
```
      5    0
  -        4
```

⑮
```
      4    1
  -        7
```

⑯
```
      7    3
  -        8
```

⑰
```
      2    5
  -        7
```

⑱
```
      6    5
  -        8
```

⑲
```
      8    2
  -        4
```

⑳
```
      6    3
  -        9
```

㉑
```
   9 2
 -   5
 ─────
```

㉒
```
   8 0
 -   4
 ─────
```

㉓
```
   3 2
 -   7
 ─────
```

㉔
```
   5 5
 -   6
 ─────
```

㉕
```
   2 4
 -   7
 ─────
```

㉖
```
   2 5
 -   9
 ─────
```

㉗
```
   8 1
 -   6
 ─────
```

㉘
```
   6 2
 -   3
 ─────
```

㉙
```
   5 3
 -   7
 ─────
```

㉚
```
   3 5
 -   9
 ─────
```

㉛
```
   9 8
 -   9
 ─────
```

㉜
```
   4 0
 -   8
 ─────
```

㉝
```
   6 0
 -   5
 ─────
```

㉞
```
   5 7
 -   8
 ─────
```

㉟
```
   8 1
 -   9
 ─────
```

㊱
```
   7 6
 -   8
 ─────
```

㊲
```
   2 1
 -   2
 ─────
```

㊳
```
   7 6
 -   7
 ─────
```

㊴
```
   4 2
 -   8
 ─────
```

㊵
```
   5 3
 -   9
 ─────
```

계산 결과는 일의 자리, 십의 자리에 맞추어 써야 해.

㊶
```
  6 1
-   3
```

㊷
```
  7 2
-   8
```

㊸
```
  2 3
-   4
```

㊹
```
  4 4
-   6
```

㊺
```
  5 7
-   8
```

㊻
```
  8 2
-   6
```

㊼
```
  3 3
-   6
```

㊽
```
  5 4
-   5
```

㊾
```
  9 2
-   9
```

㊿
```
  6 4
-   7
```

51
```
  4 0
-   9
```

52
```
  8 6
-   9
```

53
```
  8 0
-   8
```

54
```
  5 8
-   9
```

55
```
  9 5
-   9
```

56
```
  7 1
-   4
```

57
```
  8 8
-   9
```

58
```
  4 5
-   7
```

59
```
  4 1
-   6
```

60
```
  9 2
-   3
```

05 가로셈

십의 자리에서 받아내림한 수 1은 일의 자리에서 10을 나타내.

● 뺄셈을 해 보세요.

❶ 10+3-5=8

① 3 10
$43-5=38$

❷ 받아내림하고 남은 수를 십의 자리에 써요.

② $20-7=$

③ $36-9=$

④ $60-9=$

⑤ $31-6=$

⑥ $58-9=$

⑦ $70-3=$

⑧ $52-8=$

⑨ $46-7=$

⑩ $92-4=$

⑪ $81-3=$

⑫ $43-7=$

⑬ $62-7=$

⑭ $23-4=$

⑮ $60-1=$

⑯ $27-9=$

⑰ $54-6=$

⑱ $86-7=$

⑲ $32-6=$

⑳ $93-9=$

㉑ $50-8=$

㉒ $64-9=$

㉓ $72-8=$

㉔ $64-5=$

㉕ $94-7=$

㉖ $52-7=$

㉗ $22-3=$

㉘ $71-5=$

㉙ $40-8=$

㉚ $65-6=$

③¹ 85 − 7 =   ³² 73 − 9 =   ³³ 22 − 8 =

³⁴ 33 − 6 =   ³⁵ 41 − 2 =   ³⁶ 84 − 6 =

³⁷ 45 − 7 =   ³⁸ 67 − 8 =   ³⁹ 72 − 9 =

⁴⁰ 90 − 5 =   ⁴¹ 34 − 9 =   ⁴² 35 − 8 =

⁴³ 62 − 8 =   ⁴⁴ 33 − 5 =   ⁴⁵ 70 − 8 =

⁴⁶ 87 − 9 =   ⁴⁷ 54 − 7 =   ⁴⁸ 51 − 3 =

⁴⁹ 66 − 8 =   ⁵⁰ 51 − 5 =   ⁵¹ 73 − 5 =

⁵² 97 − 9 =   ⁵³ 61 − 6 =   ⁵⁴ 81 − 2 =

⁵⁵ 31 − 9 =   ⁵⁶ 23 − 8 =   ⁵⁷ 53 − 6 =

⁵⁸ 80 − 1 =   ⁵⁹ 92 − 7 =   ⁶⁰ 42 − 8 =

㉖ 42-4=

㉒ 37-8=

㉓ 91-3=

㉔ 55-6=

㉕ 71-4=

㉖ 87-8=

㉗ 84-8=

㉘ 77-9=

㉙ 90-3=

⑦ 56-7=

㉑ 23-4=

㉒ 63-7=

㉓ 95-8=

㉔ 74-6=

㉕ 64-8=

㉖ 88-9=

㉗ 61-8=

㉘ 50-4=

㉙ 93-6=

⑧ 100-1=

㉑ 52-6=

㉒ 40-9=

㉓ 72-7=

㉔ 37-9=

㉕ 63-8=

㉖ 100-7=

받아내림을 2번 할 수도 있어.

$$
\begin{array}{r}
\overset{10}{\cancel{1}}\ 0\ 0 \\
-\qquad 1 \\
\hline
\end{array}
\rightarrow
\begin{array}{r}
\overset{9}{\cancel{1}}\overset{10}{\cancel{0}}\ 10 \\
-\qquad\quad 1 \\
\hline
9\ 9
\end{array}
$$

$$
\begin{array}{r}
\overset{10}{\cancel{1}}\ 0\ 0 \\
-\qquad 7 \\
\hline
\end{array}
\rightarrow
\begin{array}{r}
\overset{9}{\cancel{1}}\overset{10}{\cancel{0}}\ 10 \\
-\qquad\quad 7 \\
\hline
9\ 3
\end{array}
$$

빼는 수를 계산하기 쉽게 가르기할 수 있어!

06 수를 쪼개어 빼기

● 뺄셈을 해 보세요.

① 34 − 6 = 28

34 − 4 − 2 = 28
　30 → 28

② 25 − 7 =

25 − 5 − 2 =

③ 48 − 9 =

48 − 8 − 1 =

④ 51 − 3 =

51 − 1 − 2 =

⑤ 74 − 8 =

74 − 4 − 4 =

⑥ 84 − 5 =

84 − 4 − 1 =

⑦ 45 − 8 =

45 − 5 − 3 =

⑧ 62 − 6 =

62 − 2 − 4 =

⑨ 95 − 9 =

95 − 5 − 4 =

⑩ 71 − 2 =

71 − 1 − 1 =

⑪ 52 − 5 =

52 − 2 − 3 =

⑫ 83 − 9 =

83 − 3 − 6 =

⑬ 32 − 4 =

32 − 2 − 2 =

⑭ 56 − 9 =

56 − 6 − 3 =

⑮ 43 − 5 =

43 − 3 − 2 =

⑯ 43-7=

43-3-4=

⑰ 62-8=

62-2-6=

⑱ 76-7=

76-6-1=

⑲ 54-5=

54-4-1=

⑳ 22-6=

22-2-4=

㉑ 41-5=

41-1-4=

㉒ 92-7=

92-2-5=

㉓ 54-9=

54-4-5=

㉔ 86-8=

86-6-2=

㉕ 81-3=

81-1-2=

㉖ 35-6=

35-5-1=

㉗ 93-6=

93-3-3=

㉘ 35-8=

35-5-3=

㉙ 67-9=

67-7-2=

㉚ 94-5=

94-4-1=

07 정해진 수 빼기

빼지는 수에 따라 계산 결과의 크기가 달라져.

● 빼셈을 해 보세요.

① 8을 빼 보세요.

	2	10	빼지는 수가 커지면	2	10
	3̷	0	→	3̷	1
–		8	–		8
	2	2	→	2	3

계산 결과도 커져요.

| 3 | 2 | | 3 | 3 | | 3 | 4 |

② 7을 빼 보세요.

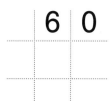

| 5 | 8 | | 5 | 9 | | 6 | 0 | | 6 | 1 | | 6 | 2 |

③ 5를 빼 보세요.

| 8 | 0 | | 8 | 1 | | 8 | 2 | | 8 | 3 | | 8 | 4 |

④ 3을 빼 보세요.

| 6 | 9 | | 7 | 0 | | 7 | 1 | | 7 | 2 | | 7 | 3 |

⑤ **6을 빼 보세요.**

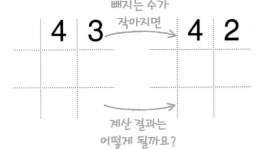 

4 3 → 4 2   4 1   4 0   3 9

빼지는 수가 작아지면

계산 결과는 어떻게 될까요?

⑥ **9를 빼 보세요.**

7 4   7 3   7 2   7 1   7 0

⑦ **4를 빼 보세요.**

2 2   2 1   2 0   1 9   1 8

⑧ **7을 빼 보세요.**

8 4   8 3   8 2   8 1   8 0

빼는 수의 크기에 따라 계산 결과가 어떻게 달라지는지 살펴봐!

08 여러 가지 수 빼기

● 뺄셈을 해 보세요.

① 33 - 6 = 27
33 - 5 = 28
33 - 4 = 29

빼는 수가   계산 결과는
작아지면   커져요.

② 26 - 9 =
26 - 8 =
26 - 7 =

③ 51 - 9 =
51 - 8 =
51 - 7 =

④ 42 - 5 =
42 - 4 =
42 - 3 =

⑤ 43 - 9 =
43 - 8 =
43 - 7 =

⑥ 71 - 5 =
71 - 4 =
71 - 3 =

⑦ 35 - 8 =
35 - 7 =
35 - 6 =

⑧ 63 - 9 =
63 - 7 =
63 - 5 =

⑨ 52 - 9 =
52 - 8 =
52 - 7 =

⑩ 50 - 6 =
50 - 4 =
50 - 2 =

⑪ 47 - 9 =
47 - 8 =
47 - 7 =

⑫ 90 - 9 =
90 - 7 =
90 - 5 =

⑬ 70 - 1 =

70 - 2 =

70 - 3 =

빼는 수가 커지면
계산 결과는 어떻게 될까요?

⑭ 81 - 5 =

81 - 6 =

81 - 7 =

⑮ 30 - 4 =

30 - 5 =

30 - 6 =

⑯ 66 - 6 =

66 - 7 =

66 - 8 =

⑰ 84 - 5 =

84 - 6 =

84 - 7 =

⑱ 25 - 6 =

25 - 7 =

25 - 8 =

⑲ 91 - 2 =

91 - 4 =

91 - 6 =

⑳ 92 - 3 =

92 - 4 =

92 - 5 =

㉑ 87 - 7 =

87 - 8 =

87 - 9 =

㉒ 60 - 5 =

60 - 7 =

60 - 9 =

㉓ 36 - 6 =

36 - 7 =

36 - 8 =

㉔ 74 - 4 =

74 - 6 =

74 - 8 =

식이 다른데 **계산 결과가 같은** 이유가 뭘까?

09 다르면서 같은 빼셈

● 빼셈을 해 보세요.

① 30 - 6 = 24
  31 - 7 = 24
  32 - 8 = 24
  커지는 만큼 커져요.

② 24 - 5 =
  25 - 6 =
  26 - 7 =

③ 51 - 3 =
  52 - 4 =
  53 - 5 =

④ 40 - 2 =
  41 - 3 =
  42 - 4 =

⑤ 71 - 4 =
  72 - 5 =
  73 - 6 =

⑥ 32 - 5 =
  33 - 6 =
  34 - 7 =

⑦ 61 - 6 =
  62 - 7 =
  63 - 8 =

⑧ 92 - 3 =
  93 - 4 =
  94 - 5 =

⑨ 41 - 7 =
  42 - 8 =
  43 - 9 =

⑩ 85 - 6 =
  86 - 7 =
  87 - 8 =

⑪ 65 - 7 =
  66 - ☐ = 58
  67 - ☐ = 58

⑫ 21 - 7 =
  ☐ - 8 = 14
  ☐ - 9 = 14

⑬ 58 − 9 =

57 − 8 =

56 − 7 =

작아지는 만큼 작아져요.

⑭ 75 − 8 =

74 − 7 =

73 − 6 =

⑮ 83 − 4 =

82 − 3 =

81 − 2 =

⑯ 36 − 8 =

35 − 7 =

34 − 6 =

⑰ 66 − 9 =

65 − 8 =

64 − 7 =

⑱ 24 − 8 =

23 − 7 =

22 − 6 =

⑲ 72 − 4 =

71 − 3 =

70 − 2 =

⑳ 44 − 6 =

43 − 5 =

42 − 4 =

㉑ 62 − 5 =

61 − 4 =

60 − 3 =

㉒ 97 − 9 =

96 − 8 =

95 − 7 =

㉓ 57 − 8 =

56 − □ = 49

55 − □ = 49

㉔ 47 − 9 =

□ − 8 = 38

□ − 7 = 38

뺀 수를 다시 더해서 처음 수가 나오면 바르게 계산한 거야.

뺄셈의 원리

10 검산하기

● 빈칸에 알맞은 수를 써 보세요.

① 34 − 6 = ___28___   ❶ 34−6을 계산해요.

   ↓   ❷ 뺀 수를 다시 더해요.

   28 + 6 = ___34___

   처음 수가 나왔으므로
   뺄셈을 바르게 계산했어요.

② 42 − 5 = _____

   ↓

   _____ + 5 = _____

③ 65 − 7 = _____

   ↓

   _____ + 7 = _____

④ 90 − 3 = _____

   ↓

   _____ + 3 = _____

⑤ 72 − 8 = _____

   ↓

   _____ + 8 = _____

⑥ 43 − 4 = _____

   ↓

   _____ + 4 = _____

⑦ 88 − 9 = _____

   ↓

   _____ + 9 = _____

⑧ 93 − 7 = _____

   ↓

   _____ + 7 = _____

⑨ 40 − 6 = _____
↓
_____ + 6 = _____

⑩ 52 − 9 = _____
↓
_____ + 9 = _____

⑪ 33 − 5 = _____
↓
_____ + 5 = _____

⑫ 21 − 7 = _____
↓
_____ + 7 = _____

⑬ 45 − 7 = _____
↓
_____ + 7 = _____

⑭ 60 − 8 = _____
↓
_____ + 8 = _____

⑮ 74 − 6 = _____
↓
_____ + 6 = _____

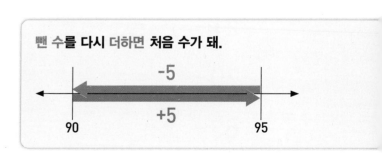

뺀 수를 다시 더하면 처음 수가 돼.

−5

+5

90   95

95

고르는 수에 따라 계산 결과가 달라지겠지?

11 내가 만드는 뺄셈식

● ☐ 안에서 수를 골라 ☐ 안에 쓰고 뺄셈을 해 보세요. (단, 답은 여러 가지가 될 수 있습니다.)

①
| 8 | 6 | 7 |

(예) 32 - [7] = 25

(예) 40 - [8] = 32

(예) 55 - [6] = 49

②
| 44 | 25 | 73 |

[ ] - 4 = ____

[ ] - 8 = ____

[ ] - 9 = ____

③
| 2 | 7 | 6 |

93 - [ ] = ____

62 - [ ] = ____

50 - [ ] = ____

④
| 38 | 60 | 51 |

[ ] - 8 = ____

[ ] - 5 = ____

[ ] - 7 = ____

⑤
| 4 | 9 | 3 |

21 - [ ] = ____

70 - [ ] = ____

63 - [ ] = ____

⑥
| 26 | 30 | 82 |

[ ] - 9 = ____

[ ] - 7 = ____

[ ] - 6 = ____

12 연산 기호 넣기

처음 수보다 커졌으면 +, 작아졌으면 -야.

● ▦ 안에 +, - 중 알맞은 연산 기호를 써 보세요.

① 30 **+** 5=35 30이 35로 커졌으므로 더한 거예요.

30 **-** 5=25 30이 25로 작아졌으므로 뺀 거예요.

② 80 ▦ 2=78

80 ▦ 2=82

③ 55 ▦ 6=61

55 ▦ 6=49

④ 71 ▦ 9=62

71 ▦ 9=80

⑤ 64 ▦ 6=70

64 ▦ 6=58

⑥ 28 ▦ 9=19

28 ▦ 9=37

⑦ 52 ▦ 9=43

52 ▦ 9=61

⑧ 93 ▦ 5=98

93 ▦ 5=88

⑨ 40 ▦ 6=46

40 ▦ 6=34

⑩ 98 ▦ 9=89

98 ▦ 9=107

⑪ 77 ▦ 8=85

77 ▦ 8=69

⑫ 63 ▦ 7=70

63 ▦ 7=56

−5 받아내림이 있는 (몇십몇)−(몇십몇)

같은 자리 수끼리 뺄 수 없으면 윗자리에서 받아내림해.

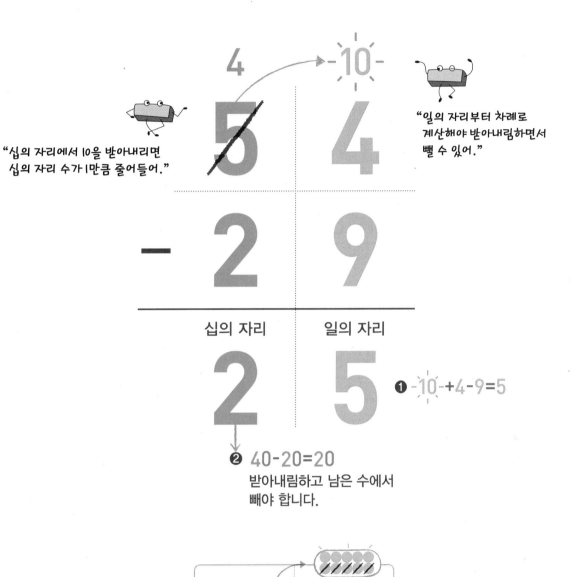

4

-10-

"십의 자리에서 10을 받아내리면 십의 자리 수가 1만큼 줄어들어."

"일의 자리부터 차례로 계산해야 받아내림하면서 뺄 수 있어."

$$\begin{array}{cc} \cancel{5} & 4 \\ - \quad 2 & 9 \end{array}$$

십의 자리　　일의 자리

2　　5　　❶ -10-+4-9=5

❷ 40-20=20
받아내림하고 남은 수에서
빼야 합니다.

십 일　　● = ●●●●●

01 세로셈

세로셈이니까 일의 자리끼리, 십의 자리끼리 뺴기 쉽겠지?

● 뺄셈을 해 보세요.

받아내림하고
남은 수에서 빼야 한다.

$$\begin{array}{r} 9 \overset{10}{5} \\ -3\ 8 \\ \hline 6\ 7 \end{array} \times$$

①
$$\begin{array}{r} \overset{3}{\cancel{4}}\ \overset{10}{2} \\ -1\ 5 \\ \hline 2\ 7 \end{array}$$
❶ 12−5=7
❷ 30−10=20

②
$$\begin{array}{r} \overset{7}{\cancel{8}}\ \overset{10}{0} \\ -7\ 7 \\ \hline \end{array}$$
❶ 10−7=3
❷ 7−7=0

③
$$\begin{array}{r} 9\ 5 \\ -3\ 8 \\ \hline \end{array}$$

④
$$\begin{array}{r} 4\ 0 \\ -2\ 5 \\ \hline \end{array}$$

⑤
$$\begin{array}{r} 7\ 0 \\ -1\ 8 \\ \hline \end{array}$$

⑥
$$\begin{array}{r} 4\ 4 \\ -2\ 9 \\ \hline \end{array}$$

⑦
$$\begin{array}{r} 5\ 3 \\ -2\ 6 \\ \hline \end{array}$$

⑧
$$\begin{array}{r} 8\ 1 \\ -4\ 3 \\ \hline \end{array}$$

⑨
$$\begin{array}{r} 7\ 3 \\ -3\ 9 \\ \hline \end{array}$$

⑩
$$\begin{array}{r} 6\ 4 \\ -4\ 7 \\ \hline \end{array}$$

⑪
$$\begin{array}{r} 8\ 8 \\ -5\ 9 \\ \hline \end{array}$$

⑫
$$\begin{array}{r} 9\ 0 \\ -5\ 2 \\ \hline \end{array}$$

⑬
$$\begin{array}{r} 8\ 7 \\ -2\ 8 \\ \hline \end{array}$$

⑭
$$\begin{array}{r} 3\ 4 \\ -1\ 9 \\ \hline \end{array}$$

⑮
$$\begin{array}{r} 8\ 0 \\ -4\ 1 \\ \hline \end{array}$$

⑯
$$\begin{array}{r} 6\ 3 \\ -2\ 5 \\ \hline \end{array}$$

⑰
$$\begin{array}{r} 8\ 3 \\ -5\ 7 \\ \hline \end{array}$$

⑱
$$\begin{array}{r} 5\ 4 \\ -1\ 8 \\ \hline \end{array}$$

⑲
$$\begin{array}{r} 7\ 6 \\ -3\ 7 \\ \hline \end{array}$$

⑳
$$\begin{array}{r} 9\ 3 \\ -4\ 6 \\ \hline \end{array}$$

㉑
$$\begin{array}{r} 9\ 2 \\ -3\ 7 \\ \hline \end{array}$$

㉒
$$\begin{array}{r} 5\ 4 \\ -2\ 6 \\ \hline \end{array}$$

㉓
$$\begin{array}{r} 7\ 0 \\ -6\ 9 \\ \hline \end{array}$$

㉔
```
   8 7
-  7 8
------
```

㉕
```
   9 0
-  7 1
------
```

㉖
```
   7 4
-  3 6
------
```

㉗
```
   4 1
-  1 5
------
```

㉘
```
   7 2
-  3 8
------
```

㉙
```
   6 6
-  4 9
------
```

㉚
```
   9 3
-  3 6
------
```

㉛
```
   8 3
-  2 7
------
```

㉜
```
   9 4
-  4 9
------
```

㉝
```
   3 1
-  2 4
------
```

㉞
```
   3 2
-  1 4
------
```

㉟
```
   6 0
-  4 6
------
```

㊱
```
   6 3
-  2 8
------
```

㊲
```
   9 2
-  1 7
------
```

㊳
```
   8 8
-  5 9
------
```

㊴
```
   6 4
-  3 5
------
```

㊵
```
   8 0
-  2 3
------
```

㊶
```
   7 4
-  2 7
------
```

㊷
```
   8 1
-  4 6
------
```

㊸
```
   5 2
-  3 4
------
```

㊹
```
   8 5
-  5 6
------
```

㊺
```
   6 5
-  2 9
------
```

㊻
```
   9 3
-  3 9
------
```

㊼
```
   7 2
-  3 7
------
```

세로셈이니까 일의 자리끼리, 십의 자리끼리 빼기 쉽겠지?

㊽ $\begin{array}{r} 84 \\ -\ 46 \\ \hline \end{array}$	㊾ $\begin{array}{r} 62 \\ -\ 25 \\ \hline \end{array}$	㊿ $\begin{array}{r} 24 \\ -\ 19 \\ \hline \end{array}$	(51) $\begin{array}{r} 76 \\ -\ 67 \\ \hline \end{array}$
(52) $\begin{array}{r} 43 \\ -\ 18 \\ \hline \end{array}$	(53) $\begin{array}{r} 94 \\ -\ 57 \\ \hline \end{array}$	(54) $\begin{array}{r} 55 \\ -\ 26 \\ \hline \end{array}$	(55) $\begin{array}{r} 94 \\ -\ 39 \\ \hline \end{array}$
(56) $\begin{array}{r} 60 \\ -\ 44 \\ \hline \end{array}$	(57) $\begin{array}{r} 51 \\ -\ 16 \\ \hline \end{array}$	(58) $\begin{array}{r} 76 \\ -\ 49 \\ \hline \end{array}$	(59) $\begin{array}{r} 94 \\ -\ 25 \\ \hline \end{array}$
(60) $\begin{array}{r} 81 \\ -\ 67 \\ \hline \end{array}$	(61) $\begin{array}{r} 65 \\ -\ 28 \\ \hline \end{array}$	(62) $\begin{array}{r} 60 \\ -\ 35 \\ \hline \end{array}$	(63) $\begin{array}{r} 72 \\ -\ 59 \\ \hline \end{array}$
(64) $\begin{array}{r} 41 \\ -\ 12 \\ \hline \end{array}$	(65) $\begin{array}{r} 82 \\ -\ 48 \\ \hline \end{array}$	(66) $\begin{array}{r} 76 \\ -\ 59 \\ \hline \end{array}$	(67) $\begin{array}{r} 92 \\ -\ 63 \\ \hline \end{array}$
(68) $\begin{array}{r} 62 \\ -\ 17 \\ \hline \end{array}$	(69) $\begin{array}{r} 50 \\ -\ 27 \\ \hline \end{array}$	(70) $\begin{array}{r} 81 \\ -\ 34 \\ \hline \end{array}$	(71) $\begin{array}{r} 97 \\ -\ 78 \\ \hline \end{array}$

02 세로셈으로 고쳐 계산하기

세로셈은 자리를 맞추어 써야 해.

● 세로셈으로 쓰고 빨셈을 해 보세요.

① 43-28

```
      3  10
      4̶  3
   -  2  8
   ─────────
      1  5    ❶ 13-8=5
              ❷ 3-2=1
```

② 80-65

③ 90-53

④ 71-18

⑤ 46-39

⑥ 54-29

⑦ 93-75

⑧ 60-37

⑨ 84-17

⑩ 71-25

⑪ 54-35

⑫ 85-48

세로셈은 자리를 맞추어 써야 해.

⑬ 50-16

⑭ 75-26

⑮ 81-45

⑯ 62-34

⑰ 95-78

⑱ 52-27

⑲ 82-38

⑳ 74-47

㉑ 64-19

㉒ 96-88

㉓ 40-18

㉔ 92-79

104

㉕ 72-16

㉖ 65-38

㉗ 83-48

㉘ 60-25

㉙ 72-69

㉚ 86-67

㉛ 94-28

㉜ 43-17

㉝ 62-53

㉞ 51-29

㉟ 80-41

㊱ 91-15

03 가로셈

가로셈을 할 때도 **받아내림** 표시를 하면 편해.

● 뺄셈을 해 보세요.

① $\overset{4\ \ 10}{\not{5}2} - 35 = 17$

❶ 일의 자리 : 12−5=7
❷ 십의 자리 : 4−3=1

② $80 - 59 =$

③ $73 - 64 =$

④ $45 - 26 =$

⑤ $91 - 44 =$

⑥ $63 - 38 =$

⑦ $83 - 55 =$

⑧ $72 - 17 =$

⑨ $38 - 19 =$

⑩ $64 - 37 =$

⑪ $61 - 48 =$

⑫ $70 - 26 =$

⑬ $82 - 15 =$

⑭ $95 - 86 =$

⑮ $53 - 37 =$

⑯ $61 - 24 =$

⑰ $85 - 57 =$

⑱ $64 - 28 =$

⑲ $41 - 34 =$

⑳ $53 - 14 =$

㉑ $90 - 18 =$

㉒ $95 - 76 =$

㉓ $83 - 25 =$

㉔ $72 - 47 =$

㉕ 81-23=

㉖ 33-17=

㉗ 45-28=

㉘ 82-19=

㉙ 70-49=

㉚ 24-16=

㉛ 76-57=

㉜ 90-36=

㉝ 61-18=

㉞ 86-48=

㉟ 71-67=

㊱ 93-69=

㊲ 75-38=

㊳ 84-25=

㊴ 44-28=

㊵ 93-59=

㊶ 43-15=

㊷ 80-36=

㊸ 22-14=

㊹ 36-28=

㊺ 52-37=

㊻ 83-27=

㊼ 76-49=

㊽ 92-58=

04 여러 가지 수 빼기

 빼는 수의 크기가 변하면 계산 결과는 어떻게 달라질까?

● 뺄셈을 해 보세요.

① 40 −

32	=	8
33		7
34		6
35		
36		

빼는 수가 커지면   계산 결과는 작아져요.

② 74 −

24	=	
25		
26		
27		
28		

③ 65 −

25	=	
26		
27		
28		
29		

④ 82 −

33	=	
43		
53		
63		
73		

⑤ 54 −

15	=	
17		
19		
21		
23		

⑥ 80 −

11	=	
22		
33		
44		
55		

⑦ 90 − [59 / 58 / 57 / 56 / 55] = [ ]

빼는 수가 작아지면

계산 결과는 어떻게 될까요?

⑧ 63 − [17 / 16 / 15 / 14 / 13] = [ ]

⑨ 86 − [39 / 38 / 37 / 36 / 35] = [ ]

⑩ 74 − [58 / 48 / 38 / 28 / 18] = [ ]

⑪ 73 − [49 / 47 / 45 / 43 / 41] = [ ]

⑫ 91 − [87 / 76 / 65 / 54 / 43] = [ ]

05 정해진 수 빼기

빼지는 수에 따라 계산 결과의 크기가 달라져.

● 뺄셈을 해 보세요.

① **37을 빼 보세요.**

빼지는 수가 커지면

	5	5

	5	6

	5	7

② **29를 빼 보세요.**

	6	6

	6	7

	6	8

	6	9

③ **18을 빼 보세요.**

	6	3

	7	3

	8	3

	9	3

④ **25를 빼 보세요.**

	5	5

	6	0

	6	5

	7	0

⑤ 16을 빼 보세요.

	7	7			7	6			7	5			7	4

⑥ 48을 빼 보세요.

	8	8			8	7			8	6			8	5

⑦ 55를 빼 보세요.

	9	0			8	0			7	0			6	0

⑧ 37을 빼 보세요.

	8	8			7	7			6	6			5	5

차이를 구할 땐 **빼셈**을 해.

06 얼마나 더 길까?

● 두 리본의 길이의 차이를 구해 보세요.

①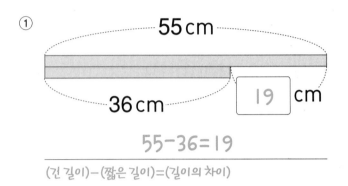

55 cm

36 cm

19 cm

55−36=19

(긴 길이)−(짧은 길이)=(길이의 차이)

②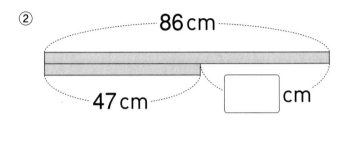

86 cm

47 cm

cm

③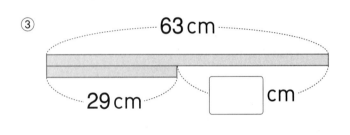

63 cm

29 cm

cm

④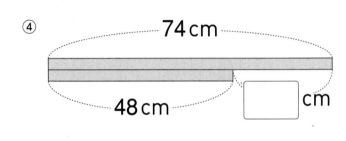

74 cm

48 cm

cm

⑤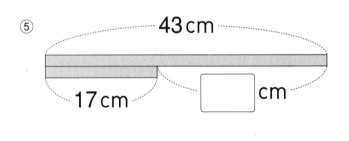

43 cm

17 cm

cm

⑥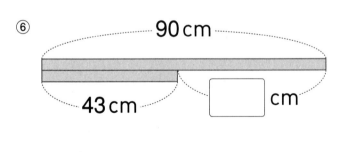

90 cm

43 cm

cm

⑦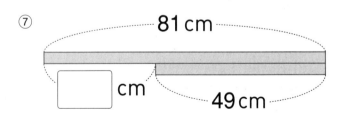

81 cm

cm

49 cm

⑧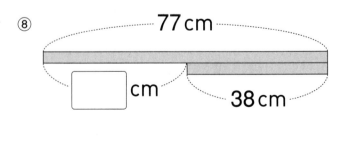

77 cm

cm

38 cm

07 얼마나 남았을까?

줄어들고 남은 양을 구할 땐 뺄셈을 해.

● 잘라내고 남은 리본의 길이를 구해 보세요.

①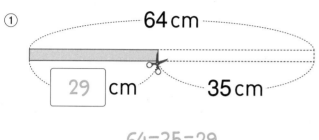

64 cm

29 cm   35 cm

$64-35=29$

(처음 길이)−(잘라낸 길이)=(남은 길이)

②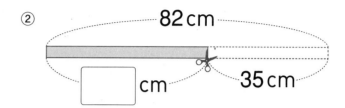

82 cm

cm   35 cm

③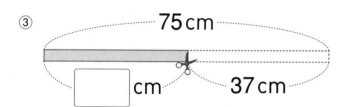

75 cm

cm   37 cm

④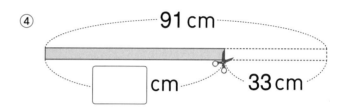

91 cm

cm   33 cm

⑤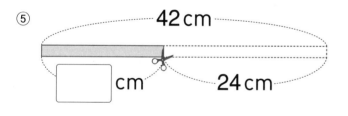

42 cm

cm   24 cm

⑥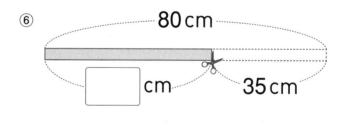

80 cm

cm   35 cm

⑦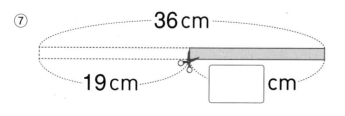

36 cm

19 cm   cm

⑧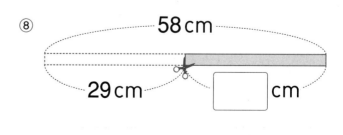

58 cm

29 cm   cm

빼셈식의 세 수로 덧셈식을 만들면?

08 뺄셈식을 덧셈식으로 바꾸기

● 뺄셈을 하고 덧셈식을 완성해 보세요.

① 빼 만큼
$80 - 79 =$ │

│ $+79 =$ 80
다시 더하면 처음 수가 돼요.

② $40 - 33 =$

$+33 =$

③ $60 - 51 =$

$+51 =$

④ $70 - 64 =$

$+64 =$

⑤ $20 - 12 =$

$+12 =$

⑥ $50 - 46 =$

$+46 =$

⑦ $30 - 15 =$

$+15 =$

⑧ $90 - 55 =$

$+55 =$

⑨ $70 - 35 =$

$+35 =$

⑩ $50 - 39 =$

$+39 =$

⑪ $70 - 58 =$

$+58 =$

⑫ $80 - 67 =$

$+67 =$

09 늘어난 수로 차 구하기

늘어난 수는 두 수의 **차이**와 같아.

● 몇을 더해야 할지 구하여 뺄셈을 해 보세요.

① 늘어난 수는
$34 + \underline{}6 = 40$

$40 - 34 = \underline{}6$
차와 같아요.

② $41 + \underline{} = 50$

$50 - 41 = \underline{}$

③ $52 + \underline{} = 60$

$60 - 52 = \underline{}$

④ $69 + \underline{} = 80$

$80 - 69 = \underline{}$

⑤ $35 + \underline{} = 50$

$50 - 35 = \underline{}$

⑥ $57 + \underline{} = 70$

$70 - 57 = \underline{}$

⑦ $45 + \underline{} = 70$

$70 - 45 = \underline{}$

⑧ $59 + \underline{} = 80$

$80 - 59 = \underline{}$

⑨ $38 + \underline{} = 60$

$60 - 38 = \underline{}$

⑩ $16 + \underline{} = 32$

$32 - 16 = \underline{}$

⑪ $37 + \underline{} = 51$

$51 - 37 = \underline{}$

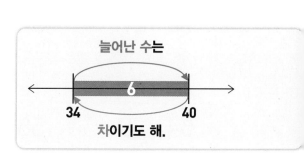

늘어난 수는
6
34   40
차이기도 해.

10 계산하지 않고 크기 비교하기

수의 크기만 비교해도 알 수 있어.

● 계산하지 않고 크기를 비교하여 ○ 안에 >, <를 써 보세요.

① 50-㉔ ⟩ 50-㉗
작은 수를 뺀 쪽이 더 커요.

② 74-58 ◯ 74-38

③ 52-27 ◯ 52-16

④ 43-15 ◯ 43-28

⑤ 65-47 ◯ 65-59

⑥ 81-48 ◯ 81-46

⑦ 73-36 ◯ 73-39

⑧ 62-25 ◯ 62-19

⑨ ㊧-51 ◯ ㊦-51
큰 수에서 뺀 쪽이 더 커요.

⑩ 90-68 ◯ 80-68

⑪ 63-37 ◯ 83-37

⑫ 37-19 ◯ 52-19

⑬ 75-27 ◯ 94-27

⑭ 91-68 ◯ 84-68

⑮ 54-39 ◯ 58-39

⑯ 95-69 ◯ 93-69

덧셈식에서 모르는 수는 뺄셈으로 알 수 있어.

11 덧셈식에서 모르는 수 구하기

● 덧셈식을 뺄셈식으로 바꾸어 ☐ 안에 알맞은 수를 구해 보세요.

① ☐ +18=74 ➡ 74-18=56 _____ , ☐ = _____

☐가 계산 결과가 되는 뺄셈식으로 만들어요.

② ☐ +45=60 ➡ _____ , ☐ = _____

③ ☐ +37=73 ➡ _____ , ☐ = _____

④ ☐ +26=92 ➡ _____ , ☐ = _____

⑤ 33+ ☐ =80 ➡ _____ , ☐ = _____

⑥ 19+ ☐ =42 ➡ _____ , ☐ = _____

⑦ 24+ ☐ =73 ➡ _____ , ☐ = _____

⑧ 57+ ☐ =91 ➡ _____ , ☐ = _____

주어진 수와 가장 가까운 수를 찾아봐.

12 차가 가장 작게 되는 식 만들기

● 계산 결과가 가장 작게 되도록 알맞은 수를 골라 ☐ 안에 쓰고 계산해 보세요.

① 33 45 ㉝57㉞

가장 큰 수

$72 - \boxed{57} = \underline{15}$

가장 큰 수를 빼야 차가 가장 작아요.

② 99 68 56

$\boxed{} - 39 = \underline{}$

가장 작은 수에서 빼야 차가 가장 작아요.

③ 25 53 76

$81 - \boxed{} = \underline{}$

④ 64 78 53

$\boxed{} - 46 = \underline{}$

⑤ 43 69 56

$95 - \boxed{} = \underline{}$

⑥ 52 40 57

$\boxed{} - 21 = \underline{}$

⑦ 76 54 65

$82 - \boxed{} = \underline{}$

⑧ 46 43 48

$\boxed{} - 17 = \underline{}$

13 등식 완성하기

'='의 양쪽은 같아.

● '='의 양쪽이 같게 되도록 빈칸에 알맞은 수를 써 보세요.

① $\underset{11}{30-19}$ = 10+ [1]

11이 되려면
1을 더해야 해요.

② 40-22 = 10+___

③ 80-56 = 20+___

④ 60-34 = 20+___

⑤ 50-14 = 6+___

⑥ 90-18 = 2+___

⑦ 70-43 = 7+___

⑧ 50-16 = 4+___

⑨ 62-28 = 30+___

⑩ 72-45 = 20+___

⑪ 57-29 = 20+___

⑫ 63-19 = 40+___

⑬ 91-39 = 2+___

⑭ 44-26 = 8+___

⑮ 65-18 = 7+___

⑯ 83-67 = 6+___

6 세 수의 계산(1)

앞에서부터 두 수씩 차례로 계산해.

$$(27 + 5) + 8$$

"세 수의 계산도
두 수의 계산처럼
하면 돼."

$$(27 - 5) + 8$$

 "계산은 앞에서부터 순서대로 하는 거야."

1등   2등   3등   4등   5등

$$7 + 1 - 3 + 8 + 5 - 1$$

세 수의 계산은 두 수의 계산을 연달아 하는 것과 같아!

01 순서대로 계산하기

● 계산해 보세요.

① $6+9+8=$ 23

❶ 15

❷ 15+8= 23

② $14+8+3=$

③ $29+5+7=$

④ $35+6+7=$

⑤ $15+9-4=$

⑥ $8+9-6=$

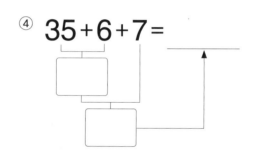

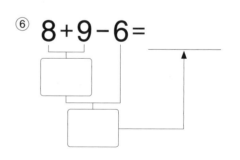

⑦ $33+7-3=$

⑧ $26+8-7=$

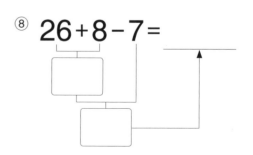

⑨ 13−7+2=

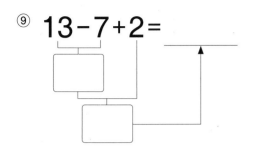

⑩ 15−2+8=

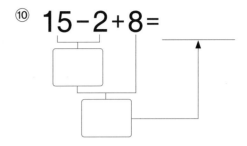

⑪ 51−6+3=

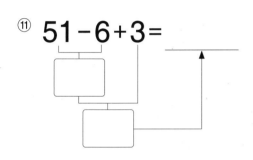

⑫ 22−4+6=

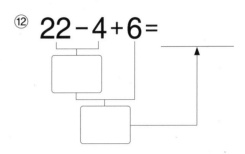

⑬ 20−6−5=

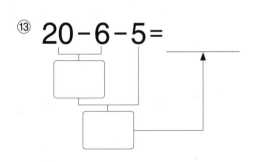

⑭ 16−9−2=

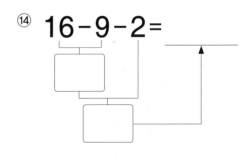

⑮ 27−8−6=

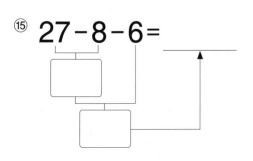

⑯ 36−8−9=

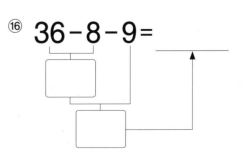

세 수의 계산은 두 수의 계산을 연달아 하는 것과 같아!

⑰ 71-3-9=
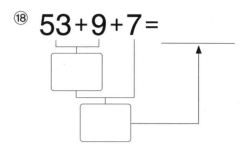

⑱ 53+9+7=
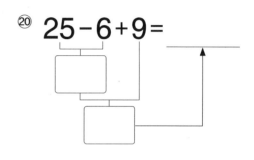

⑲ 15-8-7=
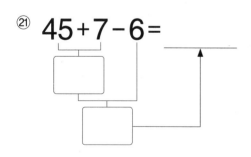

⑳ 25-6+9=
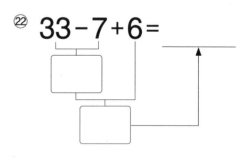

㉑ 45+7-6=
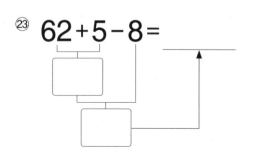

㉒ 33-7+6=

㉓ 62+5-8=
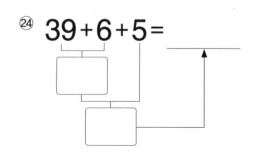

㉔ 39+6+5=

계산 순서를 먼저 나타내면 실수를 줄일 수 있겠지?

덧셈과 뺄셈의 원리

02 순서를 나타내고 계산하기

● 계산 순서를 나타내고 순서에 따라 계산해 보세요.

① $8+3+2=13$

11
13
앞에서부터 차례로 계산해요.

② $16-8+9=$

③ $24-7-4=$

④ $33+9+3=$

⑤ $15+6-2=$

⑥ $9+6+5=$

⑦ $12+3-8=$

⑧ $24-8+5=$

⑨ $29+5+4=$

⑩ $13-4+9=$

125

⑪ $36+5-4=$

⑫ $18-9-9=$

⑬ $64-9+3=$

⑭ $82-8-8=$

⑮ $25+3-9=$

⑯ $76+5+8=$

⑰ $21-2+6=$

⑱ $45-9-3=$

⑲ $59-6+7=$

⑳ $45-9+3=$

㉑ 27−4+9=

㉒ 60−8+3=

㉓ 36+7+4=

㉔ 78+3−7=

㉕ 26+5+3=

㉖ 87−9−8=

㉗ 45−6+7=

㉘ 35−6+9=

㉙ 52−4+6=

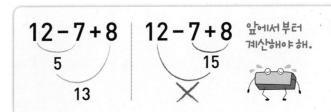

12−7+8
5
13

12−7+8
15
×

앞에서 부터
계산해야 해.

세 수의 덧셈은 세로셈으로 한꺼번에 계산할 수 있어!

03 한꺼번에 세 수 더하기

● 덧셈을 해 보세요.

① 받아올림한 수

①
```
  1 1
    7
+   8
─────
  2 6
```
❶ 1+7+8=16
❷ 10+10=20

②
```
  2 3
    5
+   9
─────
```

③
```
  3 5
    6
+   5
─────
```

④
```
    8
  4 4
+   7
─────
```

⑤
```
  6
2 2
+ 7
─────
```

⑥
```
  4 1
    9
+   9
─────
```

⑦
```
  1 5
    6
+   3
─────
```

⑧
```
  3 8
    2
+   7
─────
```

⑨
```
  3 3
    5
+   8
─────
```

⑩
```
  3 3
    4
+   4
─────
```

⑪
```
    4
    5
+ 5 9
─────
```

⑫
```
    6
    7
+ 6 6
─────
```

받아올림한 수는 2가 될 수도 있어요!
②

⑬
```
  1 8
    3
+   9
─────
```

⑭
```
  7 2
    4
+   7
─────
```

⑮
```
    8
  5 9
+   9
─────
```

⑯
```
    3
    5
+ 3 7
─────
```

⑰
```
    6 3
      5
  +   9
  ─────
```

⑱
```
      8
    1 3
  +   5
  ─────
```

⑲
```
      5
    2 6
  +   3
  ─────
```

⑳
```
      2
    5 9
  +   6
  ─────
```

㉑
```
      8
      1
  + 2 4
  ─────
```

㉒
```
    4 7
      5
  +   9
  ─────
```

㉓
```
    8 4
      5
  +   9
  ─────
```

㉔
```
      5
      3
  + 8 6
  ─────
```

㉕
```
      3
      4
  + 9 4
  ─────
```

㉖
```
    4 1
      4
  +   8
  ─────
```

㉗
```
      7
    5 7
  +   7
  ─────
```

㉘
```
      5
      5
  + 2 5
  ─────
```

㉙
```
    2 8
      8
  +   8
  ─────
```

㉚
```
    2 3
      7
  +   8
  ─────
```

㉛
```
    1 9
    1 0
  + 1 0
  ─────
```

㉜
```
    1 9
      1
  + 1 0
  ─────
```

수가 같을 때 **연산 기호가 바뀌면** 계산 결과는 어떻게 될까?

04 기호를 바꾸어 계산하기

● 계산해 보세요.

① $18+8+7=33$

　$18+8-7=19$　+를 −로 바꾸면
　　　　　　　　　계산 결과가 점점 작아져요.
　$18-8-7=3$

② $26+4+4=$

　$26+4-4=$

　$26-4-4=$

③ $38+7+4=$

　$38+7-4=$

　$38-7-4=$

④ $41+9+3=$

　$41+9-3=$

　$41-9-3=$

⑤ $46+5+9=$

　$46+5-9=$

　$46-5-9=$

⑥ $69+6+8=$

　$69+6-8=$

　$69-6-8=$

⑦ $72+8+3=$

　$72+8-3=$

　$72-8-3=$

⑧ $56+6+5=$

　$56+6-5=$

　$56-6-5=$

⑨ $35-7-3=$

$35-7+3=$

$35+7+3=$

－를 ＋로 바꾸면 계산 결과가 어떻게 될까요?

⑩ $91-1-1=$

$91-1+1=$

$91+1+1=$

⑪ $46-6-4=$

$46-6+4=$

$46+6+4=$

⑫ $24-8-6=$

$24-8+6=$

$24+8+6=$

⑬ $71-4-5=$

$71-4+5=$

$71+4+5=$

⑭ $55-5-9=$

$55-5+9=$

$55+5+9=$

⑮ $66-9-7=$

$66-9+7=$

$66+9+7=$

⑯ $83-5-2=$

$83-5+2=$

$83+5+2=$

계산하기 쉽게 수를 가르기할 수 있어.

05 수를 쪼개어 계산하기

● 계산해 보세요.

① $79+5+3=$ 87
   $79+1+4+3=$ 87
   수를 쪼개어 계산해도 답은 같아요.

② $46+8+5=$
   $46+4+4+5=$

③ $47+6+5=$
   $47+3+3+5=$

④ $58+7+1=$
   $58+2+5+1=$

⑤ $53+9+2=$
   $53+10-1+2=$

⑥ $86+8+5=$
   $86+10-2+5=$

⑦ $35-8-3=$
   $35-10+2-3=$

⑧ $93-9-2=$
   $93-10+1-2=$

⑨ $61-7-2=$
   $61-10+3-2=$

⑩ $77-8-5=$
   $77-10+2-5=$

06 지워서 계산하기

● 계산하여 0이 되는 두 수를 지우고 계산해 보세요.

① 11+3̶+4−3̶= _____11_____ + _____4_____ = _____15_____
3−3=0이므로 지울 수 있어요.

② 14+7−7+5= _____ + _____ = _____

③ 67+4+7−4= _____ + _____ = _____

④ 68+5+6−6= _____ + _____ = _____

⑤ 42+9−3+3= _____ + _____ = _____

⑥ 27+8−5−8= _____ − _____ = _____

⑦ 46−5−7+5= _____ − _____ = _____

⑧ 33+6−4−6= _____ − _____ = _____

07 편리하게 계산하기

● 몇십이 되는 두 수를 먼저 더하여 계산해 보세요.

① 6+9+24 = _____ 30 _____ + _____ 9 _____ = _____ 39 _____

6+24=30

② 57+3+4 = _____ + _____ = _____

③ 68+2+5 = _____ + _____ = _____

④ 9+3+81 = _____ + _____ = _____

⑤ 5+6+45 = _____ + _____ = _____

⑥ 58+2+7 = _____ + _____ = _____

⑦ 67+3+9 = _____ + _____ = _____

⑧ 41+2+9 = _____ + _____ = _____

수를 살펴보면 계산하지 하지 않아도 크기를 비교할 수 있어!

08 계산하지 않고 크기 비교하기

● 계산하지 않고 크기를 비교하여 ○ 안에 >, =, <를 써 보세요.

① 19+3 ⟩ 19+3−7
7을 뺀 쪽이
더 작아요.

② 26+9 ◯ 26+9+5

③ 34+7 ◯ 34+7+2

④ 33−8 ◯ 33−8+8

⑤ 50+9 ◯ 50+9−4

⑥ 37−8 ◯ 37−8−6

⑦ 51−6 ◯ 51−6+2

⑧ 52+6 ◯ 52+6−5

⑨ 34−6−4 ◯ 36−6−4
더 큰 수에서 뺀 쪽이 더 커요.

⑩ 36+8−5 ◯ 37+8−5

⑪ 67+7−5 ◯ 66+7−5

⑫ 38+2−3 ◯ 39+2−3

⑬ 25+7+6 ◯ 25+7+5

⑭ 41−2+5 ◯ 41−2+4

⑮ 55−6+4 ◯ 55−6+5

⑯ 80+5−4 ◯ 80+5−6

빨간 선의 길이를 덧셈과 뺄셈으로 구해 봐!

09 선의 길이 구하기

● 빨간 선의 길이는 얼마인지 식을 세워 구해 보세요.

①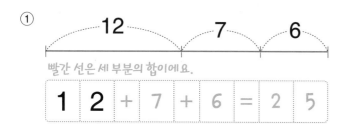

빨간 선은 세 부분의 합이에요.

| 1 | 2 | + | 7 | + | 6 | = | 2 | 5 |

②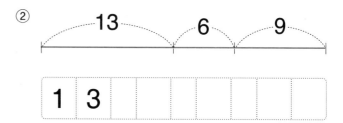

| 1 | 3 | | | | | | | |

③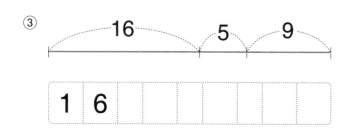

| 1 | 6 | | | | | | |

④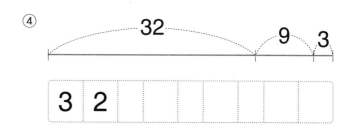

| 3 | 2 | | | | | | | |

⑤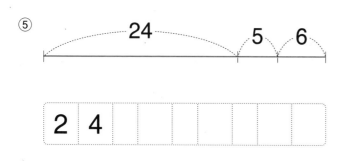

| 2 | 4 | | | | | | |

⑥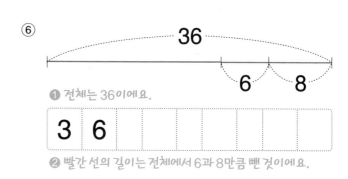

❶ 전체는 36이에요.

| 3 | 6 | | | | | | | |

❷ 빨간 선의 길이는 전체에서 6과 8만큼 뺀 것이에요.

⑦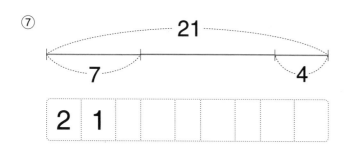

| 2 | 1 | | | | | | |

⑧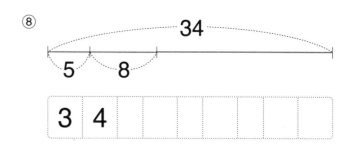

| 3 | 4 | | | | | | | |

⑨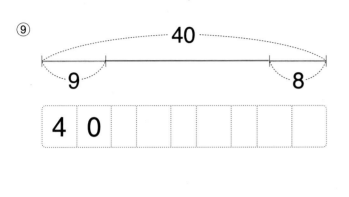

40

9 8

4	0						

⑩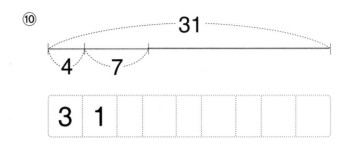

31

4 7

3	1						

⑪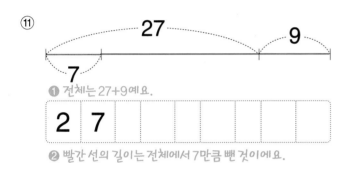

27 9

7

❶ 전체는 27+9예요.

2	7						

❷ 빨간 선의 길이는 전체에서 7만큼 뺀 것이에요.

⑫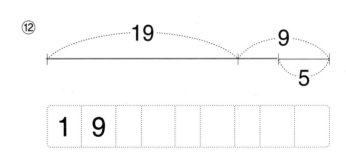

19 9

5

1	9						

⑬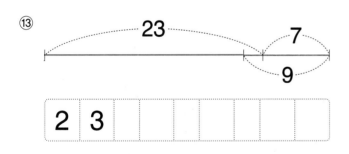

23 7

9

2	3						

⑭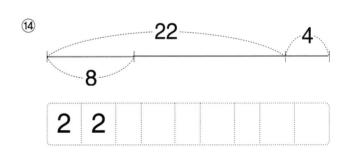

22 4

8

2	2						

⑮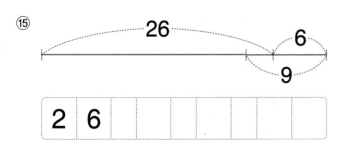

26 6

9

2	6						

⑯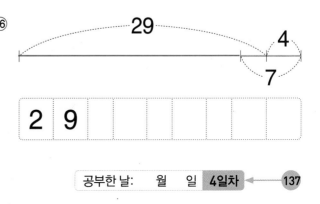

29 4

7

2	9						

더한 만큼 빼면 어떻게 될까?

10 처음 수와 같아지는 계산

● 빈칸에 알맞은 수를 써 보세요.

더한 만큼 뺐더니 처음 수와 같아졌어요.

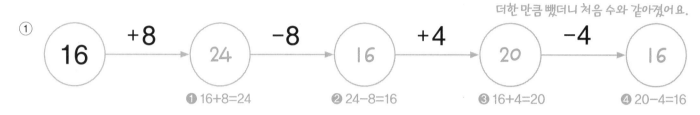

①
$16 \xrightarrow{+8} 24 \xrightarrow{-8} 16 \xrightarrow{+4} 20 \xrightarrow{-4} 16$

❶ 16+8=24 ❷ 24−8=16 ❸ 16+4=20 ❹ 20−4=16

②
$25 \xrightarrow{+6} \bigcirc \xrightarrow{-6} \bigcirc \xrightarrow{-5} \bigcirc \xrightarrow{+5} \bigcirc$

③
$26 \xrightarrow{+8} \bigcirc \xrightarrow{-8} \bigcirc \xrightarrow{-3} \bigcirc \xrightarrow{+3} \bigcirc$

④
$30 \xrightarrow{-4} \bigcirc \xrightarrow{+4} \bigcirc \xrightarrow{+5} \bigcirc \xrightarrow{-5} \bigcirc$

⑤
$77 \xrightarrow{+6} \bigcirc \xrightarrow{-6} \bigcirc \xrightarrow{+4} \bigcirc \xrightarrow{-4} \bigcirc$

⑥ 43 → −7 → ◯ → −3 → ◯ → +7 → ◯ → +3 → ◯

⑦ 39 → +4 → ◯ → −6 → ◯ → −4 → ◯ → +6 → ◯

⑧ 54 → −7 → ◯ → −7 → ◯ → +7 → ◯ → +7 → ◯

⑨ 62 → −6 → ◯ → −8 → ◯ → +6 → ◯ → +8 → ◯

⑩ 87 → −9 → ◯ → +5 → ◯ → +9 → ◯ → −5 → ◯

0이 되려면 모두 빼야 돼!

11 0이 되는 식 완성하기

● 빈칸에 알맞은 수를 써 보세요.

① 17 - __17__ = 0

어떤 수에서 같은 수를 빼면 0이 돼요.

② 23 - _____ = 0

③ 69 - _____ = 0

④ 30 - _____ = 0

⑤ 45 - _____ = 0

⑥ 82 - _____ = 0

⑦ $\underset{26}{\underline{20+6}}$ - _____ = 0

⑧ 14 + 4 - _____ = 0

⑨ 19 + 8 - _____ = 0

⑩ 25 + 7 - _____ = 0

⑪ 24 + 7 - _____ = 0

⑫ 42 + 8 - _____ = 0

⑬ 35 + 6 - _____ = 0

⑭ 68 + 5 - _____ = 0

⑮ 68-7-_____=0

⑯ 59-6-_____=0

⑰ 27-4-_____=0

⑱ 86-4-_____=0

⑲ 30-6-_____=0

⑳ 70-4-_____=0

㉑ 72-8-_____=0

㉒ 93-9-_____=0

㉓ 43-8-_____=0

㉔ 52-3-_____=0

㉕ 91-7-_____=0

㉖ 61-8-_____=0

㉗ 35-9-_____=0

모두 빼면 아무것도 없어.

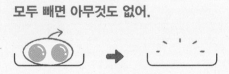

7 세 수의 계산(2)

앞에서부터 두 수씩 차례로 계산해.

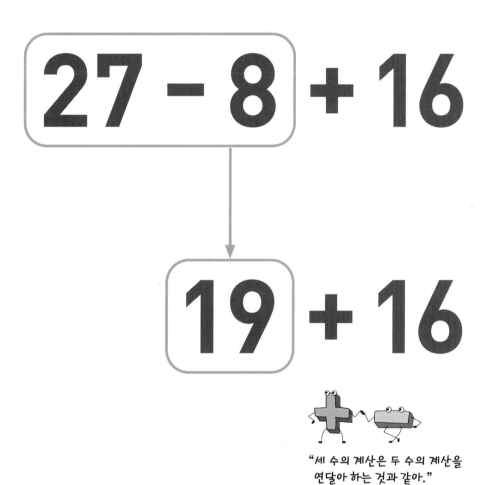

27 - 8 + 16

19 + 16

"세 수의 계산은 두 수의 계산을
연달아 하는 것과 같아."

받아올림이나 받아내림이 있을 땐 세로로 계산하면 실수를 줄일 수 있어.

```
  1  10            1
  2  7          1  9
-    8        + 1  6
  1  9          3  5
```

01 순서대로 계산하기

앞에서부터 계산해야 해.

● 계산해 보세요.

① 38 - 19 - 12 = [7]

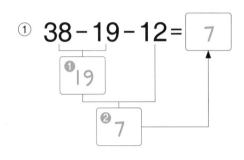

② 96 - 27 - 69 = [ ]

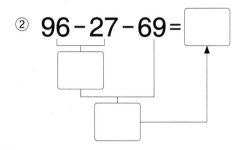

③ 70 - 23 + 39 = [ ]

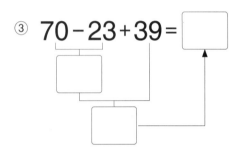

④ 32 - 17 + 99 = [ ]

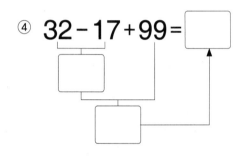

⑤ 43 + 39 - 56 = [ ]

⑥ 64 + 26 - 47 = [ ]

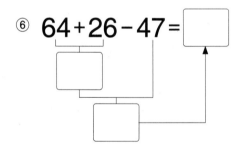

⑦ 58 + 26 + 18 = [ ]

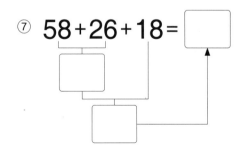

⑧ 38 + 25 + 44 = [ ]

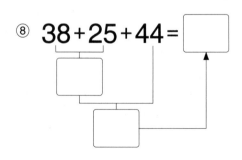

⑨ 25＋34－19＝ ☐
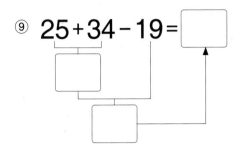

⑩ 36＋24－11＝ ☐
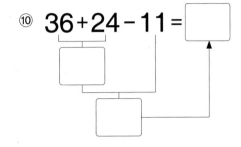

⑪ 90－15－26＝ ☐
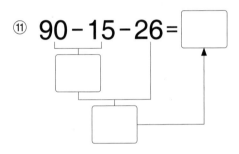

⑫ 67－26－14＝ ☐
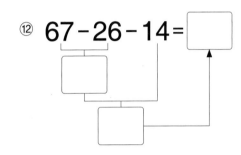

⑬ 72－72＋35＝ ☐

⑭ 84－57＋63＝ ☐
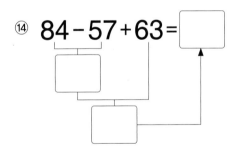

⑮ 19＋25＋46＝ ☐

⑯ 18＋76＋47＝ ☐

⑰ 62−14+52= 〔　　〕

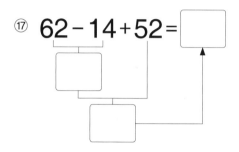

⑱ 55−43+79= 〔　　〕

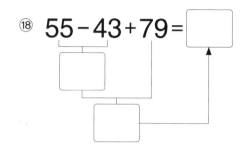

⑲ 29+33+78= 〔　　〕

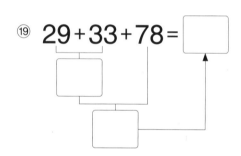

⑳ 54+29+75= 〔　　〕

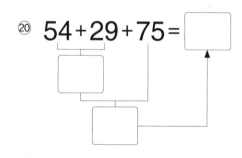

㉑ 18+76−47= 〔　　〕

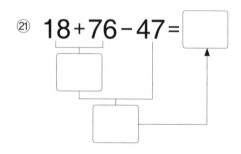

㉒ 37+43−55= 〔　　〕

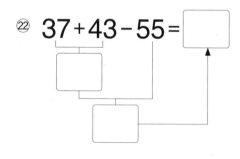

㉓ 98−19−24= 〔　　〕

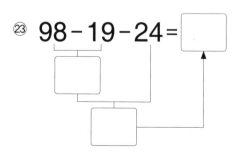

㉔ 90−32−19= 〔　　〕

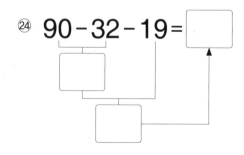

계산 순서를 나타내면 실수를 줄일 수 있겠지?

02 순서를 나타내고 계산하기

● 계산 순서를 나타내고 계산해 보세요.

① 46+36-58= 24
82
24

② 94-67-19=

③ 63-14+42=

④ 27+19+55=

⑤ 78-49-29=

⑥ 87-28+45=

⑦ 19+68-38=

⑧ 34+29+56=

⑨ 90-49-13=

⑩ 35+58-47=

⑪ 81-25-28=

⑫ 39+27-66=

⑬ 35+48+27=

⑭ 47+26-47=

⑮ 85-39-29=   ⑯ 39+56+81=

⑰ 49+23-71=   ⑱ 38+59+18=

⑲ 81-16-28=   ⑳ 47+43-35=

㉑ 52-38+29=   ㉒ 19+38+49=

㉓ 81-64+68=   ㉔ 45-26+57=

㉕ 70-33+75=   ㉖ 48+37+52=

㉗ 65-17-29=   ㉘ 32-15+78=

㉙ 25+37-48=

㉚ 16+49+35=

㉛ 73-58+69=

㉜ 91-54-18=

㉝ 37+34-23=

㉞ 53-28-18=

㉟ 86-29-38=

㊱ 62+19-43=

㊲ 85-39+57=

㊳ 26+49+53=

㊴ 18+27+36=

㊵ 72-35-28=

㊶ 63+27-52=

㊷ 82-48-16=

세 수의 덧셈은 세로셈으로 한꺼번에 계산할 수 있어.

03 한꺼번에 세 수 더하기

● 덧셈을 해 보세요.

①
```
    2 4
    1 6
+   1 8
-------
    5 8
```
❶ 4+6+8=18
❷ 10+20+10+10=50

②
```
    1 9
    2 0
+   3 1
```
❶ 9+0+1=10
❷ 1+1+2+3=7

③
```
    1 5
    3 5
+   3 0
```

④
```
    4 5
    2 5
+   1 3
```

⑤
```
    3 6
    2 7
+   3 3
```

⑥
```
    2 7
    5 2
+   4 1
```

받아올림한 수는 1보다 클 수도 있어요.

⑦
```
    2 5
    4 4
+   1 2
```

⑧
```
    2 5
    1 9
+   4 6
```

⑨
```
    5 3
    1 3
+   6 3
```

⑩
```
    4 5
    2 7
+   7 3
```

⑪
```
    3 2
    5 4
+   2 8
```

⑫
```
    6 9
    3 4
+   5 8
```

150

⑬
```
    5 0
    4 8
+   8 2
───────
```

⑭
```
    7 7
    3 1
+   6 2
───────
```

⑮
```
    1 9
    3 2
+   7 8
───────
```

⑯
```
    4 5
    4 5
+   4 5
───────
```

⑰
```
    7 1
    8 0
+   4 9
───────
```

⑱
```
    2 3
    1 6
+   4 8
───────
```

⑲
```
    3 6
    5 1
+   9 6
───────
```

⑳
```
    7 6
    7 6
+   7 6
───────
```

㉑
```
    9 0
    4 7
+   4 7
───────
```

㉒
```
    5 4
    2 6
+   5 3
───────
```

㉓
```
    4 6
    9 0
+   3 8
───────
```

㉔
```
    3 8
    3 8
+   3 7
───────
```

세 수의 덧셈은 세로셈으로 한꺼번에 계산할 수 있어.

㉕
```
    4 7
    2 9
+   6 0
```

㉖
```
    3 7
    3 5
+   3 3
```

㉗
```
    4 4
    5 5
+   6 6
```

㉘
```
    1 8
    4 3
+   2 7
```

㉙
```
    9 6
    3 5
+   1 7
```

㉚
```
    3 4
    6 6
+   2 8
```

㉛
```
    2 6
    4 5
+   3 9
```

㉜
```
    9 0
    3 6
+   7 2
```

㉝
```
    5 9
    4 9
+   7 9
```

㉞
```
    2 3
    8 1
+   4 6
```

㉟
```
    9 7
    6 5
+   8 0
```

㊱
```
    6 6
    4 3
+   4 7
```

수가 같을 때 **연산 기호가 바뀌면** 계산 결과는 어떻게 될까?

04 기호를 바꾸어 계산하기

● 계산해 보세요.

① $38+20+13=$ 71

$38+20-13=$ 45

$38-20-13=$

+를 −로 바꾸면
계산 결과가 작아져요.

② $50+16+34=$

$50+16-34=$

$50-16-34=$

③ $61+26+30=$

$61+26-30=$

$61-26-30=$

④ $43+10+24=$

$43+10-24=$

$43-10-24=$

⑤ $72+18+32=$

$72+18-32=$

$72-18-32=$

⑥ $84+15+15=$

$84+15-15=$

$84-15-15=$

⑦ $60+25+17=$

$60+25-17=$

$60-25-17=$

⑧ $65+25+22=$

$65+25-22=$

$65-25-22=$

153

⑨ 53-20-29=

　 53-20+29=

　 53+20+29=

-를 +로 바꾸면
계산 결과가
어떻게 될까요?
↓

⑩ 55-25-30=

　 55-25+30=

　 55+25+30=

⑪ 60-17-23=

　 60-17+23=

　 60+17+23=

⑫ 40-12-28=

　 40-12+28=

　 40+12+28=

⑬ 75-18-40=

　 75-18+40=

　 75+18+40=

⑭ 39-12-19=

　 39-12+19=

　 39+12+19=

⑮ 66-11-24=

　 66-11+24=

　 66+11+24=

⑯ 54-25-13=

　 54-25+13=

　 54+25+13=

05 편리한 방법으로 계산하기

몇십으로 생각하여 계산하면 훨씬 쉽지.

● 계산하기 편리하도록 수를 바꾸어 덧셈을 해 보세요.

① 30 + 29 + 19 = _78_

        +1   +1   −2   ❷ 더 더한 만큼을 빼요.

30 + _30_ + _20_ = _80_

❶ 각각 몇십으로 생각해서 더한 다음

② 10 + 49 + 29 = ___

        +1   +1   −2

10 + ___ + ___ = ___

③ 40 + 19 + 39 = ___

        +1   +1   −2

40 + ___ + ___ = ___

④ 23 + 29 + 19 = ___

        +1   +1   −2

23 + ___ + ___ = ___

⑤ 32 + 39 + 29 = ___

        +1   +1   −2

32 + ___ + ___ = ___

⑥ 54 + 39 + 29 = ___

        +1   +1   −2

54 + ___ + ___ = ___

⑦ 19 + 29 + 29 = ___

 +1   +1   +1   −3

___ + ___ + ___ = ___

⑧ 39 + 19 + 29 = ___

 +1   +1   +1   −3

___ + ___ + ___ = ___

155

⑨ 60 - 19 - 19 = __22__

      ⬇+1   ⬇+1   ⬆+2   ❷ 더 뺀 만큼을 더해요.

60 - __20__ - __20__ = __20__

    ❶ 각각 몇십으로 생각해서 뺀 다음

⑩ 90 - 29 - 49 = ____

      ⬇+1   ⬇+1   ⬆+2

90 - ____ - ____ = ____

⑪ 70 - 29 - 39 = ____

      ⬇+1   ⬇+1   ⬆+2

70 - ____ - ____ = ____

⑫ 82 - 19 - 29 = ____

      ⬇+1   ⬇+1   ⬆+2

82 - ____ - ____ = ____

⑬ 94 - 19 - 49 = ____

      ⬇+1   ⬇+1   ⬆+2

94 - ____ - ____ = ____

⑭ 53 - 29 - 19 = ____

      ⬇+1   ⬇+1   ⬆+2

53 - ____ - ____ = ____

⑮ 80 - 29 - 28 = ____

      ⬇+1   ⬇+2   ⬆+3

80 - ____ - ____ = ____

⑯ 75 - 19 - 38 = ____

      ⬇+1   ⬇+2   ⬆+3

75 - ____ - ____ = ____

연산 기호만 비교해도 알 수 있어.

06 계산하지 않고 크기 비교하기

● 계산하지 않고 크기를 비교하여 ○ 안에 >, <를 써 보세요.

① $48+34\ominus24$ ⟨<⟩ $48+34\oplus24$
    뺀 쪽보다   더한 쪽이 커요.

② $14+38+27$ ◯ $14+38-27$

③ $99-78+16$ ◯ $99-78-16$

④ $70-26-35$ ◯ $70-26+35$

⑤ $50\oplus16+44$ ◯ $50\ominus16+44$
    더한 쪽보다   뺀 쪽이 작아요.

⑥ $51+38-13$ ◯ $51-38-13$

⑦ $72-23-17$ ◯ $72+23-17$

⑧ $44+11+29$ ◯ $44-29+11$

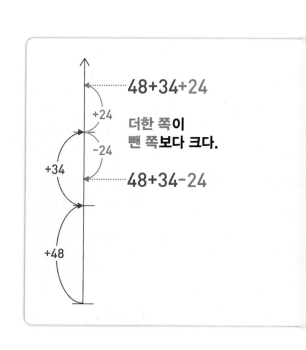

더한 쪽이 뺀 쪽보다 크다.

157

0이 되는 계산을 미리 지우면 편해!

07 지워서 계산하기

● 계산하여 0이 되는 수끼리 모두 /로 지워서 계산해 보세요.

① 28+49−49 = 28

49를 더하고 다시 빼면 0이 되므로
49를 모두 지워도 돼요.

② 54+37−54 =

③ 66+18−66 =

④ 37+45−45 =

⑤ 54−54+48 =

⑥ 86−86+73 =

⑦ 91−87+87 =

⑧ 52−39+39 =

⑨ 62+28−62 =

⑩ 71−71+86 =

⑪ 94−15+15 =

⑫ 43−43+73 =

⑬ 80−29+29 =

⑭ 19+67−19 =

⑮ 23+35+35−70 =

35+35=70이므로
세 수를 동시에 지워도 돼요.

⑯ 61+19−80+35 =

08 계산 결과를 보고 식 완성하기

● 계산 결과를 보고 주어진 수를 모두 사용하여 식을 완성해 보세요.

①
| 17 | 27 |

$48 + \underline{27} - \underline{17} = 58$ 58이 48보다 크니까 큰 수를 더하고 작은 수를 빼야해요.

②
| 44 | 55 |

$38 + \underline{\quad} - \underline{\quad} = 27$ 27이 38보다 작으니까 작은 수를 더하고 큰 수를 빼야해요.

③
| 19 | 24 |

$64 + \underline{\quad} - \underline{\quad} = 69$

④
| 53 | 76 |

$76 - \underline{\quad} + \underline{\quad} = 99$

⑤
| 38 | 42 |

$54 + \underline{\quad} - \underline{\quad} = 50$

⑥
| 65 | 82 |

$94 - \underline{\quad} + \underline{\quad} = 77$

⑦
| 45 | 72 |

$90 - \underline{\quad} + \underline{\quad} = 117$

⑧
| 38 | 58 |

$72 - \underline{\quad} + \underline{\quad} = 52$

⑨
| 15 | 39 |

39 + _____ − _____ = 63

⑩
| 36 | 45 |

83 − _____ + _____ = 92

⑪
| 27 | 19 |

62 + _____ − _____ = 54

⑫
| 25 | 69 |

90 − _____ + _____ = 134

⑬
| 36 | 28 |

57 + _____ − _____ = 49

⑭
| 16 | 47 |

35 + _____ − _____ = 4

⑮
| 46 | 75 |

80 − _____ + _____ = 51

⑯
| 38 | 68 |

94 − _____ + _____ = 124

수능까지 연결되는 독해 로드맵

디딤돌 독해력은 수능까지 연결되는 체계적인 라인업을 통하여

수능에서 요구하는 핵심 독해 원리에 대한 이해는 물론,

단계 별로 심화되며 연결되는 학습의 과정을 통해

깊이 있고 종합적인 독해 사고의 능력까지 기를 수 있도록 도와줍니다.

기초를 다진 후에는 본격 실전 독해 훈련으로!

디딤돌 독해력 고학년 Ⅰ~Ⅳ

· 수능 국어 독서 영역을 기준으로 주제별, 수준별 구성
· 초등 고학년이 감당할 수 있는 중등 수준의 지문을 4단계로 세분화

독해력 공부를 처음 시작한다면, 기초를 튼튼히!

디딤돌 독해력 초등국어 1~6

· 초등 국어 교과서의 학년별 성취 기준을 바탕으로 독해 목표 설정
· 문학+비문학 제재로 구성, 차근차근 심화되는 독해 원리 학습

1~4학년군 1, 2, 3, 4   5~6학년군 5, 6

실력

기초   기본

초등   초등 고학년

디딤돌
연산
수학
정답과
학습지도법

디딤돌
연산은 수학이다.

정답과
학습지도법

1 받아올림이 있는 (몇십몇)+(몇)

일의 자리의 계산에서 받아올림이 있는 덧셈입니다. 앞에서 배운 '합이 10보다 큰 한 자리 수끼리의 덧셈'을 능숙하게 하고 자릿값 개념을 잘 알고 있어야 받아올림을 쉽게 이해할 수 있습니다. 일의 자리에서의 10이 십의 자리에서는 1을 나타낸다는 것을 이해할 수 있도록 해 주시고 받아올림한 수를 십의 자리 수와 더하는 것을 잊지 않도록 지도해 주세요.

01 단계에 따라 계산하기　　8~9쪽

① 11 / 1, 21　　② 10 / 1, 30
③ 13 / 1, 53　　④ 12 / 1, 62
⑤ 15 / 1, 35　　⑥ 14 / 1, 44
⑦ 18 / 1, 88　　⑧ 11 / 1, 51
⑨ 13 / 1, 53　　⑩ 17 / 1, 97
⑪ 13 / 1, 73　　⑫ 12 / 1, 32
⑬ 12 / 1, 52　　⑭ 10 / 1, 80
⑮ 14 / 1, 54　　⑯ 13 / 1, 73
⑰ 11 / 1, 41　　⑱ 16 / 1, 66
⑲ 15 / 1, 35　　⑳ 12 / 1, 92

덧셈의 원리 ● 계산 원리 이해

02 받아올림을 표시하여 세로셈하기　　10~11쪽

① 1, 22　② 1, 32　③ 1, 20　④ 1, 40
⑤ 1, 41　⑥ 1, 62　⑦ 1, 32　⑧ 1, 51
⑨ 1, 84　⑩ 1, 72　⑪ 1, 34　⑫ 1, 40
⑬ 1, 52　⑭ 1, 91　⑮ 1, 43　⑯ 1, 34
⑰ 1, 85　⑱ 1, 66　⑲ 1, 57　⑳ 1, 65
㉑ 1, 35　㉒ 1, 21　㉓ 1, 38　㉔ 1, 55
㉕ 1, 72　㉖ 1, 64　㉗ 1, 44　㉘ 1, 73
㉙ 1, 42　㉚ 1, 33　㉛ 1, 56　㉜ 1, 72
㉝ 1, 93　㉞ 1, 87　㉟ 1, 74　㊱ 1, 93
㊲ 1, 54　㊳ 1, 72　㊴ 1, 94　㊵ 1, 46

덧셈의 원리 ● 계산 방법 이해

03 받아올림을 표시하여 가로셈하기　　12~13쪽

① 1, 31　　② 1, 22　　③ 1, 51
④ 1, 60　　⑤ 1, 41　　⑥ 1, 53
⑦ 1, 58　　⑧ 1, 72　　⑨ 1, 37
⑩ 1, 44　　⑪ 1, 97　　⑫ 1, 51
⑬ 1, 71　　⑭ 1, 45　　⑮ 1, 72
⑯ 1, 83　　⑰ 1, 52　　⑱ 1, 44
⑲ 1, 50　　⑳ 1, 71　　㉑ 1, 83
㉒ 1, 90　　㉓ 1, 64　　㉔ 1, 45
㉕ 1, 23　　㉖ 1, 41　　㉗ 1, 32
㉘ 1, 93　　㉙ 1, 61　　㉚ 1, 71
㉛ 1, 32　　㉜ 1, 23　　㉝ 1, 55
㉞ 1, 80　　㉟ 1, 26　　㊱ 1, 41
㊲ 1, 62　　㊳ 1, 76　　㊴ 1, 92
㊵ 1, 43　　㊶ 1, 73　　㊷ 1, 52
㊸ 1, 21　　㊹ 1, 82　　㊺ 1, 57
㊻ 1, 74　　㊼ 1, 63　　㊽ 1, 92

덧셈의 원리 ● 계산 방법 이해

04 세로셈　　14~16쪽

① 31　② 41　③ 65　④ 50
⑤ 71　⑥ 52　⑦ 27　⑧ 33
⑨ 82　⑩ 30　⑪ 92　⑫ 82
⑬ 71　⑭ 66　⑮ 55　⑯ 84
⑰ 91　⑱ 63　⑲ 37　⑳ 45
㉑ 51　㉒ 45　㉓ 92　㉔ 41
㉕ 64　㉖ 72　㉗ 20　㉘ 51
㉙ 35　㉚ 40　㉛ 74　㉜ 98
㉝ 32　㉞ 52　㉟ 66　㊱ 46
㊲ 54　㊳ 62　㊴ 81　㊵ 95
㊶ 62　㊷ 84　㊸ 32　㊹ 63
㊺ 50　㊻ 42　㊼ 47　㊽ 91
㊾ 73　㊿ 62　51 76　52 84
53 43　54 51　55 60　56 73
57 34　58 97　59 73　60 53

덧셈의 원리 ● 계산 방법 이해

05 가로셈 17~19쪽

① 38	② 21	③ 42
④ 71	⑤ 40	⑥ 32
⑦ 60	⑧ 90	⑨ 41
⑩ 43	⑪ 35	⑫ 26
⑬ 93	⑭ 63	⑮ 95
⑯ 61	⑰ 71	⑱ 41
⑲ 37	⑳ 51	㉑ 66
㉒ 94	㉓ 73	㉔ 31
㉕ 53	㉖ 46	㉗ 52
㉘ 95	㉙ 64	㉚ 84
㉛ 52	㉜ 94	㉝ 35
㉞ 70	㉟ 50	㊱ 91
㊲ 82	㊳ 94	㊴ 75
㊵ 53	㊶ 65	㊷ 93
㊸ 70	㊹ 32	㊺ 90
㊻ 92	㊼ 50	㊽ 64
㊾ 45	㊿ 84	(51) 30
(52) 93	(53) 53	(54) 61
(55) 41	(56) 51	(57) 62
(58) 40	(59) 95	(60) 80
(61) 72	(62) 67	(63) 41
(64) 81	(65) 87	(66) 61
(67) 76	(68) 100	
(69) 51	(70) 33	(71) 91
(72) 72	(73) 83	(74) 65
(75) 40	(76) 61	(77) 55
(78) 102		(79) 90
(80) 91	(81) 74	(82) 86
(83) 85	(84) 31	(85) 76
(86) 98	(87) 96	(88) 82

덧셈의 원리 ● 계산 방법 이해

06 수를 쪼개어 더하기 20~21쪽

① 41, 41	② 36, 36	③ 64, 64
④ 53, 53	⑤ 75, 75	⑥ 85, 85
⑦ 61, 61	⑧ 65, 65	⑨ 93, 93
⑩ 81, 81	⑪ 45, 45	⑫ 42, 42
⑬ 56, 56	⑭ 71, 71	⑮ 81, 81
⑯ 42, 42	⑰ 61, 61	⑱ 65, 65
⑲ 85, 85	⑳ 51, 51	㉑ 78, 78
㉒ 43, 43	㉓ 97, 97	㉔ 83, 83
㉕ 54, 54	㉖ 67, 67	㉗ 44, 44
㉘ 33, 33	㉙ 73, 73	㉚ 62, 62

덧셈의 원리 ● 계산 원리 이해

07 정해진 수 더하기 22~23쪽

① 30, 31, 32, 33, 34
② 38, 39, 40, 41, 42
③ 80, 81, 82, 83, 84
④ 98, 99, 100, 101, 102
⑤ 65, 64, 63, 62, 61
⑥ 43, 42, 41, 40, 39
⑦ 72, 71, 70, 69, 68
⑧ 92, 91, 90, 89, 88

덧셈의 원리 ● 계산 원리 이해

08 다르면서 같은 덧셈 24~25쪽

① 81, 81, 81　　② 31, 31, 31　　③ 72, 72, 72
④ 63, 63, 63　　⑤ 35, 35, 35　　⑥ 44, 44, 44
⑦ 92, 92, 92　　⑧ 83, 83, 83　　⑨ 96, 96, 96
⑩ 54, 54, 54　　⑪ 61, 7, 6　　⑫ 75, 67, 68
⑬ 71, 71, 71　　⑭ 92, 92, 92　　⑮ 43, 43, 43
⑯ 73, 73, 73　　⑰ 33, 33, 33　　⑱ 64, 64, 64
⑲ 80, 80, 80　　⑳ 47, 47, 47　　㉑ 81, 81, 81
㉒ 100, 100, 100　㉓ 60, 3, 4　　㉔ 95, 88, 87

덧셈의 원리 ● 계산 원리 이해

09 바꾸어 더하기 26쪽

① 31, 31　　　　　② 42, 42
③ 50, 50　　　　　④ 94, 94
⑤ 66, 66　　　　　⑥ 42, 42
⑦ 31, 26　　　　　⑧ 72, 65
　　　　　　　　　⑨ 47, 8

덧셈의 성질 ● 교환법칙

교환법칙
교환법칙은 두 수를 바꾸어 계산해도 그 결과가 같다는 법칙으로 +와 ×에서만 성립합니다. 이것은 덧셈과 곱셈의 중요한 성질로 중등 과정에서 추상화된 표현으로 처음 배우게 됩니다. 비교적 간단한 수의 연산에서부터 교환법칙을 이해한다면 중등 학습에서도 쉽게 이해할 수 있을 뿐만 아니라 문제 해결력을 기르는 데에도 도움이 됩니다.

10 계산하지 않고 크기 비교하기 27쪽

① >　　　　　　　② =
③ <　　　　　　　④ <
⑤ >　　　　　　　⑥ >
⑦ <　　　　　　　⑧ <
⑨ >　　　　　　　⑩ <
⑪ >　　　　　　　⑫ <
⑬ <　　　　　　　⑭ >
⑮ <　　　　　　　⑯ <

덧셈의 원리 ● 계산 원리 이해

11 식 완성하기 28쪽

① 24, 9 / 9, 24　　② 35, 6 / 6, 35
③ 47, 7 / 7, 47　　④ 52, 8 / 8, 52
⑤ 63, 9 / 9, 63　　⑥ 39, 5 / 5, 39
⑦ 18, 8 / 8, 18　　⑧ 76, 7 / 7, 76

덧셈의 감각 ● 수의 조작

12 등식 완성하기 29쪽

① 2　　　　　　　② 40
③ 3　　　　　　　④ 50
⑤ 3　　　　　　　⑥ 30
⑦ 3　　　　　　　⑧ 80
⑨ 1　　　　　　　⑩ 2
⑪ 1　　　　　　　⑫ 2
⑬ 2　　　　　　　⑭ 1

덧셈의 성질 ● 등식

2 받아올림이 한 번 있는
(몇십몇)+(몇십몇)

일의 자리 또는 십의 자리에서 받아올림이 있는 덧셈입니다. 자릿값을 통해 계산 원리를 이해하게 하여, 받아올림을 기계적으로 하지 않도록 지도해 주세요. 같은 자리끼리 계산하는 이유는 같은 숫자라도 자리에 따라 나타내는 수가 다르기 때문이라는 점을 이해하는 것이 중요합니다. 또한, 받아올리는 수의 실제 크기를 생각하며 계산할 수 있도록 합니다.

01 세로셈 32~34쪽

① 60	② 92	③ 128	④ 107
⑤ 83	⑥ 80	⑦ 71	⑧ 63
⑨ 46	⑩ 107	⑪ 147	⑫ 154
⑬ 90	⑭ 63	⑮ 120	⑯ 84
⑰ 78	⑱ 67	⑲ 115	⑳ 74
㉑ 60	㉒ 82	㉓ 155	㉔ 135
㉕ 182	㉖ 80	㉗ 119	㉘ 147
㉙ 96	㉚ 129	㉛ 64	㉜ 41
㉝ 40	㉞ 92	㉟ 153	㊱ 74
㊲ 72	㊳ 51	㊴ 80	㊵ 81
㊶ 50	㊷ 45	㊸ 64	㊹ 119
㊺ 106	㊻ 53	㊼ 41	㊽ 92
㊾ 133	㊿ 52	51 109	52 70
53 63	54 108	55 149	56 168
57 116	58 97	59 125	60 91
61 64	62 82	63 177	64 80
65 76	66 90	67 142	68 118
69 72	70 158	71 68	72 109

덧셈의 원리 ● 계산 방법 이해

자릿값
수는 십진법에 따라 자리마다 다른 값을 가집니다. 예를 들어 33에서 모든 자리의 숫자가 3이지만 십의 자리 숫자는 30, 일의 자리 숫자는 3을 나타냅니다. 이렇듯 자리에 따라 나타내는 수가 다르기 때문에 각 자리별로 계산해야 합니다. 자릿값에 따른 계산 원리는 중등의 '다항식의 계산'으로 이어집니다. $3a+2b+4a$와 같은 식에서 a항끼리는 계산할 수 있지만 a항과 b항은 계산할 수 없는 것과 같은 원리입니다. 따라서 학생들이 자리별로 계산하는 이유를 생각하면서 계산하고 '항'의 개념을 접해 볼 수 있도록 지도해 주세요.

02 세로셈으로 고쳐서 계산하기 35~37쪽

① 45	② 148	③ 66
④ 40	⑤ 184	⑥ 105
⑦ 76	⑧ 61	⑨ 92
⑩ 70	⑪ 124	⑫ 147
⑬ 94	⑭ 81	⑮ 139
⑯ 146	⑰ 126	⑱ 139
⑲ 83	⑳ 165	㉑ 76
㉒ 149	㉓ 93	㉔ 117
㉕ 63	㉖ 82	㉗ 45
㉘ 136	㉙ 142	㉚ 119
㉛ 97	㉜ 128	㉝ 63
㉞ 75	㉟ 152	㊱ 109

덧셈의 원리 ● 계산 방법 이해

03 가로셈 38~39쪽

① 73	② 157	③ 60
④ 82	⑤ 118	⑥ 65
⑦ 149	⑧ 93	⑨ 70
⑩ 51	⑪ 163	⑫ 134
⑬ 109	⑭ 95	⑮ 147
⑯ 179	⑰ 52	⑱ 126
⑲ 80	⑳ 113	㉑ 106
㉒ 93	㉓ 138	㉔ 84
㉕ 128	㉖ 146	㉗ 83
㉘ 92	㉙ 90	㉚ 174
㉛ 71	㉜ 97	㉝ 167
㉞ 83	㉟ 118	㊱ 60
㊲ 52	㊳ 149	㊴ 95
㊵ 109	㊶ 138	㊷ 64
㊸ 137	㊹ 92	㊺ 124
㊻ 158	㊼ 127	㊽ 86

덧셈의 원리 ● 계산 방법 이해

04 여러 가지 수 더하기　40~41쪽

① 49, 50, 51, 52, 53　　② 71, 72, 73, 74, 75
③ 90, 91, 92, 93, 94　　④ 66, 68, 70, 72, 74
⑤ 89, 91, 93, 95, 97　　⑥ 68, 70, 72, 74, 76
⑦ 25, 30, 35, 40, 45　　⑧ 78, 88, 98, 108, 118
⑨ 93, 103, 113, 123, 133　⑩ 43, 53, 63, 73, 83
⑪ 50, 61, 72, 83, 94　　⑫ 56, 65, 74, 83, 92

덧셈의 원리 ● 계산 원리 이해

05 정해진 수 더하기　42~43쪽

① 49, 50, 51, 52
② 107, 117, 127, 137
③ 40, 42, 44, 46
④ 70, 75, 80, 85
⑤ 168, 158, 148, 138
⑥ 95, 94, 93, 92
⑦ 98, 88, 78, 68
⑧ 155, 153, 151, 149

덧셈의 원리 ● 계산 원리 이해

06 다르면서 같은 덧셈　44~45쪽

① 40, 40　　② 70, 70
③ 50, 50　　④ 50, 50
⑤ 70, 70　　⑥ 102, 102
⑦ 124, 124　⑧ 60, 60
⑨ 117, 117　⑩ 93, 18
⑪ 50, 50　　⑫ 80, 80
⑬ 70, 70　　⑭ 90, 90
⑮ 80, 80　　⑯ 103, 103
⑰ 111, 111　⑱ 50, 50
⑲ 153, 153　⑳ 61, 26

덧셈의 원리 ● 계산 원리 이해

07 계산하지 않고 크기 비교하기　46쪽

① >　　② <
③ >　　④ <
⑤ <　　⑥ >
⑦ <　　⑧ >
⑨ >　　⑩ >
　　　　⑪ <
　　　　⑫ <

덧셈의 원리 ● 계산 원리 이해

08 편리한 방법으로 더하기(1)　47~48쪽

① 71 / 30, 72　　② 62 / 40, 63
③ 73 / 60, 74　　④ 54 / 20, 55
⑤ 81 / 50, 82　　⑥ 93 / 30, 94
⑦ 43 / 20, 45　　⑧ 82 / 60, 84
⑨ 62 / 20, 63　　⑩ 81 / 30, 82
⑪ 64 / 50, 65　　⑫ 61 / 40, 62
⑬ 72 / 60, 73　　⑭ 53 / 20, 54
⑮ 81 / 30, 83　　⑯ 73 / 50, 75

덧셈의 감각 ● 수의 조작

09 편리한 방법으로 더하기(2)

49쪽

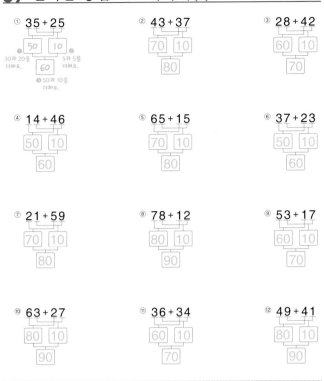

① 35+25
30과 20을 더해요. 50 · 10 5와 5를 더해요.
❶ 60
❸ 50과 10을 더해요.

② 43+37
70 10
80

③ 28+42
60 10
70

④ 14+46
50 10
60

⑤ 65+15
70 10
80

⑥ 37+23
50 10
60

⑦ 21+59
70 10
80

⑧ 78+12
80 10
90

⑨ 53+17
60 10
70

⑩ 63+27
80 10
90

⑪ 36+34
60 10
70

⑫ 49+41
80 10
90

덧셈의 감각 ● 수의 조작

---

3 받아올림이 두 번 있는 (몇십몇)+(몇십몇)

일의 자리와 십의 자리에서 연달아 받아올림이 있는 두 자리 수끼리의 덧셈입니다. 받아올림 표시를 하여 계산에 실수가 없도록 하되 덧셈의 의미를 생각해 보며 계산할 수 있도록 지도해 주세요. 또한 10의 보수와 연계하여 100의 보수를 생각해 보고 더불어 수 감각을 기를 수 있도록 합니다.

01 세로셈

52~54쪽

① 110	② 100	③ 124	④ 184
⑤ 153	⑥ 112	⑦ 114	⑧ 102
⑨ 102	⑩ 115	⑪ 120	⑫ 132
⑬ 131	⑭ 146	⑮ 122	⑯ 100
⑰ 197	⑱ 131	⑲ 160	⑳ 164
㉑ 115	㉒ 122	㉓ 145	㉔ 111
㉕ 103	㉖ 130	㉗ 141	㉘ 133
㉙ 114	㉚ 143	㉛ 120	㉜ 133
㉝ 163	㉞ 157	㉟ 108	㊱ 140
㊲ 141	㊳ 130	㊴ 115	㊵ 143
㊶ 112	㊷ 132	㊸ 194	
㊹ 121	㊺ 152	㊻ 153	
㊼ 122	㊽ 143	㊾ 132	㊿ 112
51 120	52 141	53 116	54 134
55 162	56 123	57 132	58 120
59 102	60 110	61 108	62 171
63 113	64 125	65 141	66 154
67 152	68 134	69 181	70 105

덧셈의 원리 ● 계산 방법 이해

02 세로셈으로 고쳐서 계산하기 55~57쪽

① 110	② 103	③ 180
④ 122	⑤ 131	⑥ 140
⑦ 174	⑧ 125	⑨ 132
⑩ 110	⑪ 142	⑫ 127
⑬ 120	⑭ 120	⑮ 104
⑯ 141	⑰ 126	⑱ 142
⑲ 182	⑳ 116	㉑ 133
㉒ 151	㉓ 137	㉔ 120
㉕ 157	㉖ 124	㉗ 131
㉘ 152	㉙ 133	㉚ 103
㉛ 112	㉜ 165	㉝ 130
㉞ 123	㉟ 176	㊱ 141

덧셈의 원리 ● 계산 방법 이해

03 가로셈 58~59쪽

① 120	② 112	③ 110
④ 105	⑤ 141	⑥ 105
⑦ 130	⑧ 121	⑨ 170
⑩ 122	⑪ 117	⑫ 115
⑬ 131	⑭ 174	⑮ 114
⑯ 150	⑰ 131	⑱ 122
⑲ 101	⑳ 113	㉑ 160
㉒ 115	㉓ 146	㉔ 132
㉕ 171	㉖ 133	㉗ 132
㉘ 101	㉙ 146	㉚ 110
㉛ 105	㉜ 136	㉝ 122
㉞ 111	㉟ 150	㊱ 127
㊲ 130	㊳ 171	㊴ 163
㊵ 125	㊶ 101	㊷ 114
㊸ 151	㊹ 110	㊺ 131
㊻ 190	㊼ 143	㊽ 124

덧셈의 원리 ● 계산 방법 이해

04 여러 가지 수 더하기 60~61쪽

① 110, 111, 112, 113, 114	② 101, 102, 103, 104, 105
③ 112, 122, 132, 142, 152	④ 105, 115, 125, 135, 145
⑤ 150, 155, 160, 165, 170	⑥ 100, 111, 122, 133, 144
⑦ 128, 127, 126, 125, 124	⑧ 118, 116, 114, 112, 110
⑨ 108, 106, 104, 102, 100	⑩ 181, 171, 161, 151, 141
⑪ 145, 140, 135, 130, 125	⑫ 144, 133, 122, 111, 100

덧셈의 원리 ● 계산 원리 이해

05 다르면서 같은 덧셈 62~63쪽

① 144, 144, 144	② 112, 112, 112
③ 106, 106, 106	④ 100, 100, 100
⑤ 150, 150, 150	⑥ 130, 130, 130
⑦ 170, 170, 170	⑧ 120, 120, 47
⑨ 133, 133, 133	⑩ 120, 120, 120
⑪ 187, 187, 187	⑫ 100, 100, 100
⑬ 118, 118, 118	⑭ 142, 142, 142
⑮ 141, 141, 141	⑯ 106, 106, 60

덧셈의 원리 ● 계산 원리 이해

06 합하면 모두 얼마가 될까? 64쪽

①
```
  | 1 |   |
  | 7 | 5 | ← 두 우유의 양
+ | 6 | 7 | ← 첫한 양
| 1 | 4 | 2 |
```
142 mL

계산 결과에 단위를 붙여요.
mL(밀리리터)는 우유의 양을
나타내는 단위예요.

②
```
  | 5 | 9 |
+ | 4 | 6 |
| 1 | 0 | 5 |
```
105 mL

③
```
  | 6 | 8 |
+ | 5 | 5 |
| 1 | 2 | 3 |
```
123 mL

④
```
  | 8 | 4 |
+ | 7 | 8 |
| 1 | 6 | 2 |
```
162 mL

⑤
```
  | 9 | 5 |
+ | 7 | 6 |
| 1 | 7 | 1 |
```
171 mL

⑥
```
  | 3 | 6 |
+ | 8 | 9 |
| 1 | 2 | 5 |
```
125 mL

덧셈의 원리 ● 합병

07 늘어나면 모두 얼마가 될까? 65쪽

①
```
  | 5 | 8 | ← 처음에 있던 양
+ | 4 | 9 | ← 더 부은 양
| 1 | 0 | 7 | ← 늘어난 후의 양
```
107 mL

②
```
  | 7 | 5 |
+ | 3 | 7 |
| 1 | 1 | 2 |
```
112 mL

③
```
  | 6 | 9 |
+ | 5 | 2 |
| 1 | 2 | 1 |
```
121 mL

④
```
  | 8 | 6 |
+ | 4 | 4 |
| 1 | 3 | 0 |
```
130 mL

⑤
```
  | 9 | 7 |
+ | 5 | 6 |
| 1 | 5 | 3 |
```
153 mL

⑥
```
  | 5 | 7 |
+ | 4 | 8 |
| 1 | 0 | 5 |
```
105 mL

덧셈의 원리 ● 첨가

덧셈
덧셈의 상황은 합병과 첨가로 구분되는데 합병은 두 양을 한데 모으는 것, 첨가는 하나의 양에 다른 양을 보태는 것을 뜻합니다. 합병과 첨가의 상황을 덧셈식으로 연결시키는 학습은 덧셈의 의미를 잘 이해할 수 있게 할 뿐만 아니라 문장제 문제의 해결에도 도움이 됩니다.

08 편리한 방법으로 더하기(1) 66쪽

① 122 / 60, 123 ② 121 / 70, 122
③ 163 / 90, 164 ④ 103 / 80, 104
⑤ 132 / 50, 133 ⑥ 124 / 90, 125
⑦ 142 / 50, 144 ⑧ 143 / 80, 145

덧셈의 감각 ● 수의 조작

09 편리한 방법으로 더하기(2) 67쪽

① 76 + 34
[100] [10]
70과 30을 더해요. 6과 4를 더해요.
[110]
❸ 100과 10을 더해요.

② 63 + 47
[100] [10]
110

③ 72 + 68
[130] [10]
140

④ 89 + 81
[160] [10]
170

⑤ 75 + 85
[150] [10]
160

⑥ 51 + 69
[110] [10]
120

⑦ 89 + 41
[120] [10]
130

⑧ 96 + 84
[170] [10]
180

⑨ 97 + 13
[100] [10]
110

⑩ 48 + 72
[110] [10]
120

⑪ 32 + 98
[120] [10]
130

⑫ 95 + 95
[180] [10]
190

덧셈의 감각 ● 수의 조작

10 계산하지 않고 크기 비교하기 68쪽

① <   ② >
③ <   ④ >
⑤ >   ⑥ <
⑦ >   ⑧ >
⑨ <   ⑩ >
⑪ <   ⑫ >
⑬ >   ⑭ <

덧셈의 원리 ● 계산 원리 이해

11 100이 되는 식 완성하기　69쪽

① 10　　　② 50
③ 5　　　④ 9
⑤ 6　　　⑥ 3
⑦ 15　　　⑧ 45
⑨ 65　　　⑩ 75
⑪ 37　　　⑫ 56
⑬ 73　　　⑭ 18
⑮ 62　　　⑯ 29

덧셈의 감각 ● 수의 조작

12 덧셈식 완성하기　70~71쪽

① 58
② 76
③ 95
④ 63
⑤ 39
⑥ 84
⑦ 69
⑧ 36
⑨ 35
⑩ 85
⑪ 92
⑫ 76
⑬ 33
⑭ 58
⑮ 44
⑯ 86

덧셈의 감각 ● 수의 조작

4 받아내림이 있는 (몇십몇)−(몇)

십의 자리에서 받아내림이 있는 뺄셈입니다. 앞에서 배운 '받아내림이 있는 (십몇)−(몇)'을 능숙하게 하고 자릿값 개념을 잘 알고 있어야 받아내림을 쉽게 이해할 수 있습니다. 십의 자리에서의 1이 일의 자리에서는 10을 나타낸다는 것을 이해할 수 있도록 해 주시고 받아내림한 십의 자리 수는 1만큼 작아진다는 것을 잊지 않도록 지도해 주세요.

01 단계에 따라 계산하기　74~75쪽

① 2 / 2, 10, 22　　② 6 / 1, 10, 16
③ 8 / 4, 10, 48　　④ 9 / 1, 10, 19
⑤ 7 / 5, 10, 57　　⑥ 6 / 7, 10, 76
⑦ 2 / 2, 10, 22　　⑧ 9 / 5, 10, 59
⑨ 6 / 6, 10, 66　　⑩ 8 / 3, 10, 38
⑪ 5 / 7, 10, 75　　⑫ 5 / 8, 10, 85
⑬ 5 / 4, 10, 45　　⑭ 7 / 1, 10, 17
⑮ 8 / 3, 10, 38　　⑯ 9 / 2, 10, 29
⑰ 7 / 5, 10, 57　　⑱ 8 / 4, 10, 48
⑲ 9 / 6, 10, 69　　⑳ 4 / 7, 10, 74

뺄셈의 원리 ● 계산 원리 이해

02 받아내림을 표시하여 세로셈하기　76~77쪽

① 6, 10, 66　② 2, 10, 26　③ 7, 10, 78　④ 1, 10, 19
⑤ 3, 10, 36　⑥ 2, 10, 27　⑦ 5, 10, 54　⑧ 1, 10, 18
⑨ 7, 10, 78　⑩ 4, 10, 49　⑪ 8, 10, 88　⑫ 2, 10, 28
⑬ 3, 10, 36　⑭ 2, 10, 29　⑮ 4, 10, 46　⑯ 7, 10, 79
⑰ 8, 10, 89　⑱ 3, 10, 34　⑲ 5, 10, 58　⑳ 8, 10, 88
㉑ 3, 10, 35　㉒ 4, 10, 41　㉓ 4, 10, 44　㉔ 6, 10, 65
㉕ 3, 10, 34　㉖ 1, 10, 16　㉗ 2, 10, 27　㉘ 4, 10, 48
㉙ 3, 10, 38　㉚ 4, 10, 49　㉛ 1, 10, 18　㉜ 5, 10, 56
㉝ 5, 10, 57　㉞ 6, 10, 69　㉟ 7, 10, 78　㊱ 7, 10, 78
㊲ 8, 10, 88　㊳ 3, 10, 38　㊴ 4, 10, 46　㊵ 8, 10, 89

뺄셈의 원리 ● 계산 방법 이해

03 받아내림을 표시하여 가로셈하기 78~79쪽

① 1, 10, 16	② 2, 10, 24	③ 3, 10, 36
④ 4, 10, 47	⑤ 1, 10, 18	⑥ 6, 10, 69
⑦ 3, 10, 35	⑧ 4, 10, 49	⑨ 4, 10, 48
⑩ 5, 10, 53	⑪ 8, 10, 86	⑫ 7, 10, 71
⑬ 6, 10, 66	⑭ 7, 10, 79	⑮ 8, 10, 83
⑯ 5, 10, 58	⑰ 2, 10, 28	⑱ 5, 10, 59
⑲ 4, 10, 47	⑳ 5, 10, 57	㉑ 6, 10, 69
㉒ 3, 10, 37	㉓ 6, 10, 66	㉔ 7, 10, 76
㉕ 5, 10, 56	㉖ 2, 10, 25	㉗ 8, 10, 84
㉘ 3, 10, 36	㉙ 5, 10, 56	㉚ 6, 10, 67
㉛ 4, 10, 48	㉜ 5, 10, 58	㉝ 8, 10, 89
㉞ 7, 10, 73	㉟ 1, 10, 14	㊱ 1, 10, 13
㊲ 4, 10, 48	㊳ 4, 10, 47	㊴ 2, 10, 27
㊵ 7, 10, 75	㊶ 1, 10, 16	㊷ 4, 10, 46
㊸ 8, 10, 87	㊹ 6, 10, 67	㊺ 6, 10, 65
㊻ 2, 10, 27	㊼ 3, 10, 36	㊽ 6, 10, 69

뺄셈의 원리 ● 계산 방법 이해

04 세로셈 80~82쪽

① 22	② 33	③ 19	④ 27
⑤ 39	⑥ 64	⑦ 76	⑧ 49
⑨ 78	⑩ 48	⑪ 87	⑫ 18
⑬ 26	⑭ 46	⑮ 34	⑯ 65
⑰ 18	⑱ 57	⑲ 78	⑳ 54
㉑ 87	㉒ 76	㉓ 25	㉔ 49
㉕ 17	㉖ 16	㉗ 75	㉘ 59
㉙ 46	㉚ 26	㉛ 89	㉜ 32
㉝ 55	㉞ 49	㉟ 72	㊱ 68
㊲ 19	㊳ 69	㊴ 34	㊵ 44
㊶ 58	㊷ 64	㊸ 19	㊹ 38
㊺ 49	㊻ 76	㊼ 27	㊽ 49
㊾ 83	㊿ 57	51 31	52 77
53 72	54 49	55 86	56 67
57 79	58 38	59 35	60 89

뺄셈의 원리 ● 계산 방법 이해

05 가로셈 83~85쪽

① 38	② 13	③ 27
④ 51	⑤ 25	⑥ 49
⑦ 67	⑧ 44	⑨ 39
⑩ 88	⑪ 78	⑫ 36
⑬ 55	⑭ 19	⑮ 59
⑯ 18	⑰ 48	⑱ 79
⑲ 26	⑳ 84	㉑ 42
㉒ 55	㉓ 64	㉔ 59
㉕ 87	㉖ 45	㉗ 19
㉘ 66	㉙ 32	㉚ 59
㉛ 78	㉜ 64	㉝ 14
㉞ 27	㉟ 39	㊱ 78
㊲ 38	㊳ 59	㊴ 63
㊵ 85	㊶ 25	㊷ 27
㊸ 54	㊹ 28	㊺ 62
㊻ 78	㊼ 47	㊽ 48
㊾ 58	㊿ 46	51 68
52 88	53 55	54 79
55 22	56 15	57 47
58 79	59 85	60 34
61 38	62 29	63 88
64 49	65 67	66 79
67 76	68 68	69 87
70 49	71 19	72 56
73 87	74 68	75 56
76 79	77 53	78 46
79 87	80 99	
81 46	82 31	
83 65	84 28	
85 55	86 93	

뺄셈의 원리 ● 계산 방법 이해

06 수를 쪼개어 빼기

86~87쪽

① 28, 28   ② 18, 18   ③ 39, 39
④ 48, 48   ⑤ 66, 66   ⑥ 79, 79
⑦ 37, 37   ⑧ 56, 56   ⑨ 86, 86
⑩ 69, 69   ⑪ 47, 47   ⑫ 74, 74
⑬ 28, 28   ⑭ 47, 47   ⑮ 38, 38
⑯ 36, 36   ⑰ 54, 54   ⑱ 69, 69
⑲ 49, 49   ⑳ 16, 16   ㉑ 36, 36
㉒ 85, 85   ㉓ 45, 45   ㉔ 78, 78
㉕ 78, 78   ㉖ 29, 29   ㉗ 87, 87
㉘ 27, 27   ㉙ 58, 58   ㉚ 89, 89

뺄셈의 원리 ● 계산 원리 이해

07 정해진 수 빼기

88~89쪽

① 22, 23, 24, 25, 26
② 51, 52, 53, 54, 55
③ 75, 76, 77, 78, 79
④ 66, 67, 68, 69, 70
⑤ 37, 36, 35, 34, 33
⑥ 65, 64, 63, 62, 61
⑦ 18, 17, 16, 15, 14
⑧ 77, 76, 75, 74, 73

뺄셈의 원리 ● 계산 원리 이해

08 여러 가지 수 빼기

90~91쪽

① 27, 28, 29   ② 17, 18, 19   ③ 42, 43, 44
④ 37, 38, 39   ⑤ 34, 35, 36   ⑥ 66, 67, 68
⑦ 27, 28, 29   ⑧ 54, 56, 58   ⑨ 43, 44, 45
⑩ 44, 46, 48   ⑪ 38, 39, 40   ⑫ 81, 83, 85
⑬ 69, 68, 67   ⑭ 76, 75, 74   ⑮ 26, 25, 24
⑯ 60, 59, 58   ⑰ 79, 78, 77   ⑱ 19, 18, 17
⑲ 89, 87, 85   ⑳ 89, 88, 87   ㉑ 80, 79, 78
㉒ 55, 53, 51   ㉓ 30, 29, 28   ㉔ 70, 68, 66

뺄셈의 원리 ● 계산 원리 이해

09 다르면서 같은 뺄셈

92~93쪽

① 24, 24, 24   ② 19, 19, 19   ③ 48, 48, 48
④ 38, 38, 38   ⑤ 67, 67, 67   ⑥ 27, 27, 27
⑦ 55, 55, 55   ⑧ 89, 89, 89   ⑨ 34, 34, 34
⑩ 79, 79, 79   ⑪ 58, 8, 9   ⑫ 14, 22, 23
⑬ 49, 49, 49   ⑭ 67, 67, 67   ⑮ 79, 79, 79
⑯ 28, 28, 28   ⑰ 57, 57, 57   ⑱ 16, 16, 16
⑲ 68, 68, 68   ⑳ 38, 38, 38   ㉑ 57, 57, 57
㉒ 88, 88, 88   ㉓ 49, 7, 6   ㉔ 38, 46, 45

뺄셈의 원리 ● 계산 원리 이해

10 검산하기　　　　　　　　　　94~95쪽

① 28 / 28, 34　　　　② 37 / 37, 42

③ 58 / 58, 65　　　　④ 87 / 87, 90

⑤ 64 / 64, 72　　　　⑥ 39 / 39, 43

⑦ 79 / 79, 88　　　　⑧ 86 / 86, 93

⑨ 34 / 34, 40　　　　⑩ 43 / 43, 52

⑪ 28 / 28, 33　　　　⑫ 14 / 14, 21

⑬ 38 / 38, 45　　　　⑭ 52 / 52, 60

⑮ 68 / 68, 74

뺄셈의 원리 ● 검산식

검산
계산 결과가 옳은지 그른지를 검사하는 계산으로 계산 실수를 줄일 수 있는 가장 좋은 방법입니다. 또한 검산은 앞서 계산한 것과 다른 방법을 사용해야 하기 때문에 문제 푸는 방법을 다양한 방법으로 생각하게 하는 효과도 얻을 수 있습니다. 따라서 나눗셈에서의 검산 뿐만 아니라 덧셈, 뺄셈, 곱셈에서도 검산하는 습관을 길러주세요.

---

11 내가 만드는 뺄셈식　　　　　　96쪽

① 예 7, 25 / 예 8, 32 /　　② 예 44, 40 / 예 25, 17 /
　예 6, 49　　　　　　　　　예 73, 64

③ 예 6, 87 / 예 7, 55 /　　④ 예 38, 30 / 예 60, 55 /
　예 2, 48　　　　　　　　　예 51, 44

⑤ 예 3, 18 / 예 9, 61 /　　⑥ 예 26, 17 / 예 30, 23 /
　예 4, 59　　　　　　　　　예 82, 76

뺄셈의 감각 ● 뺄셈의 다양성

---

12 연산 기호 넣기　　　　　　　97쪽

① +, −　　　　　　② −, +

③ +, −　　　　　　④ −, +

⑤ +, −　　　　　　⑥ −, +

⑦ −, +　　　　　　⑧ +, −

⑨ +, −　　　　　　⑩ −, +

⑪ +, −　　　　　　⑫ +, −

덧셈과 뺄셈의 감각 ● 증가, 감소

---

5 받아내림이 있는 (몇십몇)−(몇십몇)

십의 자리에서 받아내림이 있는 두 자리 수끼리의 뺄셈입니다. 받아내림 표시를 하여 계산에 실수가 없도록 하되 뺄셈의 의미를 생각해 보며 계산할 수 있도록 지도해 주세요. 받아내림을 훈련할 수 있는 문제와 더불어 뺄셈의 원리를 바탕으로 한 다양한 문제들을 통해 수 감각을 기를 수 있도록 합니다.

01 세로셈　　　　　　　　100~102쪽

① 27	② 3	③ 57	
④ 15	⑤ 52	⑥ 15	⑦ 27
⑧ 38	⑨ 34	⑩ 17	⑪ 29
⑫ 38	⑬ 59	⑭ 15	⑮ 39
⑯ 38	⑰ 26	⑱ 36	⑲ 39
⑳ 47	㉑ 55	㉒ 28	㉓ 1
㉔ 9	㉕ 19	㉖ 38	㉗ 26
㉘ 34	㉙ 17	㉚ 57	㉛ 56
㉜ 45	㉝ 7	㉞ 18	㉟ 14
㊱ 35	㊲ 75	㊳ 29	㊴ 29
㊵ 57	㊶ 47	㊷ 35	㊸ 18
㊹ 29	㊺ 36	㊻ 54	㊼ 35
㊽ 38	㊾ 37	㊿ 5	51 9
52 25	53 37	54 29	55 55
56 16	57 35	58 27	59 69
60 14	61 37	62 25	63 13
64 29	65 34	66 17	67 29
68 45	69 23	70 47	71 19

뺄셈의 원리 ● 계산 방법 이해

02 세로셈으로 고쳐 계산하기 103~105쪽

① 15 ② 15 ③ 37
④ 53 ⑤ 7 ⑥ 25
⑦ 18 ⑧ 23 ⑨ 67
⑩ 46 ⑪ 19 ⑫ 37
⑬ 34 ⑭ 49 ⑮ 36
⑯ 28 ⑰ 17 ⑱ 25
⑲ 44 ⑳ 27 ㉑ 45
㉒ 8 ㉓ 22 ㉔ 13
㉕ 56 ㉖ 27 ㉗ 35
㉘ 35 ㉙ 3 ㉚ 19
㉛ 66 ㉜ 26 ㉝ 9
㉞ 22 ㉟ 39 ㊱ 76

빼셈의 원리 ● 계산 방법 이해

03 가로셈 106~107쪽

① 17 ② 21 ③ 9
④ 19 ⑤ 47 ⑥ 25
⑦ 28 ⑧ 55 ⑨ 19
⑩ 27 ⑪ 13 ⑫ 44
⑬ 67 ⑭ 9 ⑮ 16
⑯ 37 ⑰ 28 ⑱ 36
⑲ 7 ⑳ 39 ㉑ 72
㉒ 19 ㉓ 58 ㉔ 25
㉕ 58 ㉖ 16 ㉗ 17
㉘ 63 ㉙ 21 ㉚ 8
㉛ 19 ㉜ 54 ㉝ 43
㉞ 38 ㉟ 4 ㊱ 24
㊲ 37 ㊳ 59 ㊴ 16
㊵ 34 ㊶ 28 ㊷ 44
㊸ 8 ㊹ 8 ㊺ 15
㊻ 56 ㊼ 27 ㊽ 34

빼셈의 원리 ● 계산 방법 이해

04 여러 가지 수 빼기 108~109쪽

① 8, 7, 6, 5, 4 ② 50, 49, 48, 47, 46
③ 40, 39, 38, 37, 36 ④ 49, 39, 29, 19, 9
⑤ 39, 37, 35, 33, 31 ⑥ 69, 58, 47, 36, 25
⑦ 31, 32, 33, 34, 35 ⑧ 46, 47, 48, 49, 50
⑨ 47, 48, 49, 50, 51 ⑩ 16, 26, 36, 46, 56
⑪ 24, 26, 28, 30, 32 ⑫ 4, 15, 26, 37, 48

빼셈의 원리 ● 계산 원리 이해

05 정해진 수 빼기 110~111쪽

① 17, 18, 19, 20
② 37, 38, 39, 40
③ 45, 55, 65, 75
④ 30, 35, 40, 45
⑤ 61, 60, 59, 58
⑥ 40, 39, 38, 37
⑦ 35, 25, 15, 5
⑧ 51, 40, 29, 18

빼셈의 원리 ● 계산 원리 이해

①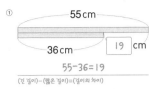
55cm
36cm · 19 cm
55-36=19
(긴 길이)-(짧은 길이)=(길이의 차이)

②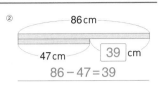
86cm
47cm · 39 cm
86 - 47 = 39

③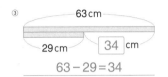
63cm
29cm · 34 cm
63 - 29 = 34

④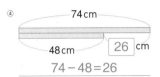
74cm
48cm · 26 cm
74 - 48 = 26

⑤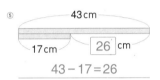
43cm
17cm · 26 cm
43 - 17 = 26

⑥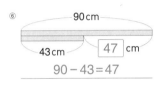
90cm
43cm · 47 cm
90 - 43 = 47

⑦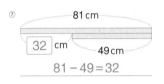
81cm
32 cm · 49cm
81 - 49 = 32

⑧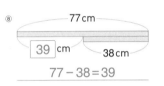
77cm
39 cm · 38cm
77 - 38 = 39

빼셈의 원리 ● 차이

①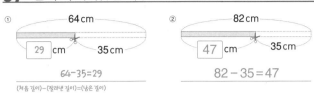
64cm
29 cm · 35cm
64-35=29
(처음 길이)-(잘라낸 길이)=(남은 길이)

②
82cm
47 cm · 35cm
82 - 35 = 47

③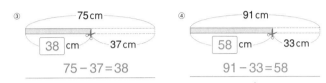
75cm
38 cm · 37cm
75 - 37 = 38

④
91cm
58 cm · 33cm
91 - 33 = 58

⑤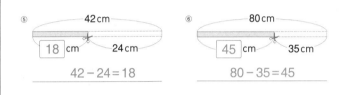
42cm
18 cm · 24cm
42 - 24 = 18

⑥
80cm
45 cm · 35cm
80 - 35 = 45

⑦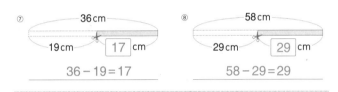
36cm
19cm · 17 cm
36 - 19 = 17

⑧
58cm
29cm · 29 cm
58 - 29 = 29

빼셈의 원리 ● 제거

빼셈
빼셈의 상황은 차이와 제거로 구분되는데 차이는 어느 쪽이 더 많거나 적은지를 뜻하고, 제거는 덜어내고 남은 양을 뜻합니다. 차이와 제거의 상황을 빼셈식으로 연결시키는 학습은 빼셈의 의미를 잘 이해할 수 있게 할 뿐만 아니라 문장제 문제의 해결에도 도움이 됩니다.

08 빼셈식을 덧셈식으로 바꾸기 114쪽

① 1 / 1, 80   ② 7 / 7, 40   ③ 9 / 9, 60
④ 6 / 6, 70   ⑤ 8 / 8, 20   ⑥ 4 / 4, 50
⑦ 15 / 15, 30   ⑧ 35 / 35, 90   ⑨ 35 / 35, 70
⑩ 11 / 11, 50   ⑪ 12 / 12, 70   ⑫ 13 / 13, 80

덧셈과 빼셈의 성질 ● 덧셈과 빼셈의 관계

09 늘어난 수로 차 구하기 115쪽

① 6 / 6　　② 9 / 9　　③ 8 / 8
④ 11 / 11　　⑤ 15 / 15　　⑥ 13 / 13
⑦ 25 / 25　　⑧ 21 / 21　　⑨ 22 / 22
⑩ 16 / 16　　⑪ 14 / 14

덧셈과 뺄셈의 성질 ● 덧셈과 뺄셈의 관계

10 계산하지 않고 크기 비교하기 116쪽

① >		② <	
③ <		④ >	
⑤ >		⑥ <	
⑦ >		⑧ <	
⑨ >		⑩ >	
⑪ <		⑫ <	
⑬ <		⑭ >	
⑮ <		⑯ >	

뺄셈의 원리 ● 계산 원리 이해

11 덧셈식에서 모르는 수 구하기 117쪽

① 74 − 18 = 56, 56
② 60 − 45 = 15, 15
③ 73 − 37 = 36, 36
④ 92 − 26 = 66, 66
⑤ 80 − 33 = 47, 47
⑥ 42 − 19 = 23, 23
⑦ 73 − 24 = 49, 49
⑧ 91 − 57 = 34, 34

덧셈과 뺄셈의 성질 ● 덧셈과 뺄셈의 관계

12 차가 가장 작게 되는 식 만들기 118쪽

① 33　45　(57)
가장 큰 수
72 − [57] = 15
가장 큰 수를 빼야 차가 가장 작아요.

② 99　68　(56)
[56] − 39 = 17
가장 작은 수에서 빼야 차가 가장 작아요.

③ 25　53　(76)
81 − [76] = 5

④ 64　78　(53)
[53] − 46 = 7

⑤ 43　(69)　56
95 − [69] = 26

⑥ 52　(40)　57
[40] − 21 = 19

⑦ (76)　54　65
82 − [76] = 6

⑧ 46　(43)　48
[43] − 17 = 26

뺄셈의 원리 ● 계산 원리 이해

13 등식 완성하기 119쪽

① 1		② 8	
③ 4		④ 6	
⑤ 30		⑥ 70	
⑦ 20		⑧ 30	
⑨ 4		⑩ 7	
⑪ 8		⑫ 4	
⑬ 50		⑭ 10	
⑮ 40		⑯ 10	

덧셈과 뺄셈의 성질 ● 등식

등식
등식은 =(등호)의 양쪽 값이 같음을 나타낸 식입니다. 수학 문제를 풀 때 결과를 자연스럽게 =의 오른쪽에 쓰지만 학생들이 =의 의미를 간과한 채 사용하기 쉽습니다. 간단한 연산 문제를 푸는 시기부터 등식의 개념을 이해하고 =를 사용한다면 초등 고학년, 중등으로 이어지는 학습에서 등식, 방정식의 개념을 쉽게 이해할 수 있습니다.

6 세 수의 계산(1)

세 수의 계산은 두 수의 계산을 연달아 하는 것과 같습니다. 따라서 앞에서부터 두 수씩 차례로 계산하는 것이 원칙입니다. 2학년에서 학습하게 되는 혼합 계산 방법은 이후 학습에도 영향을 줄 수 있으므로 계산 원칙을 완벽하게 숙지할 수 있도록 지도해 주세요. 혼합 계산 순서를 자주 틀리거나 이해하지 못하는 경우에는 계산식에 맞는 상황을 도입하여 설명해 주세요.

01 순서대로 계산하기
122~124쪽

① 6+9+8= 23
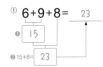

② 14+8+3= 25
22
25
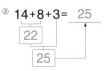

③ 29+5+7= 41
34
41

④ 35+6+7= 48
41
48

⑤ 15+9−4= 20
24
20

⑥ 8+9−6= 11
17
11

⑦ 33+7−3= 37
40
37

⑧ 26+8−7= 27
34
27

⑨ 13−7+2= 8
6
8

⑩ 15−2+8= 21
13
21

⑪ 51−6+3= 48
45
48

⑫ 22−4+6= 24
18
24

⑬ 20−6−5= 9
14
9

⑭ 16−9−2= 5
7
5

⑮ 27−8−6= 13
19
13
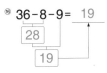

⑯ 36−8−9= 19
28
19

⑰ 71−3−9= 59
68
59
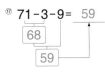

⑱ 53+9+7= 69
62
69
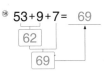

⑲ 15−8−7= 0
7
0
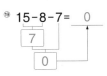

⑳ 25−6+9= 28
19
28
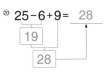

㉑ 45+7−6= 46
52
46
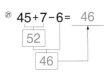

㉒ 33−7+6= 32
26
32
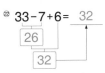

㉓ 62+5−8= 59
67
59
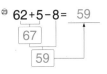

㉔ 39+6+5= 50
45
50
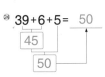

덧셈과 뺄셈의 원리 ● 계산 방법 이해

결합법칙

(2+3)+5=2+(3+5)와 같이 덧셈에서 결합법칙은 성립합니다. 그러나 (5−3)−2≠5−(3−2)와 같이 뺄셈에서 결합법칙은 성립하지 않습니다. 세 수의 덧셈은 뒤에서부터 계산해도 계산 결과가 변하지 않으나 초등 과정에서는 세 수의 덧셈, 세 수의 뺄셈, 세 수의 덧셈과 뺄셈 모두 앞에서부터 차례로 계산하도록 지도합니다.

① 8+3+2 = 13
앞에서부터 차례로 계산해요.

② 16-8+9 = 17

③ 24-7-4 = 13

④ 33+9+3 = 45

⑤ 15+6-2 = 19

⑥ 9+6+5 = 20

⑦ 12+3-8 = 7

⑧ 24-8+5 = 21

⑨ 29+5+4 = 38

⑩ 13-4+9 = 18

⑪ 36+5-4 = 37

⑫ 18-9-9 = 0

⑬ 64-9+3 = 58

⑭ 82-8-8 = 66

⑮ 25+3-9 = 19

⑯ 76+5+8 = 89

⑰ 21-2+6 = 25

⑱ 45-9-3 = 33

⑲ 59-6+7 = 60

⑳ 45-9+3 = 39

㉑ 27-4+9 = 32

㉒ 60-8+3 = 55

㉓ 36+7+4 = 47

㉔ 78+3-7 = 74

㉕ 26+5+3 = 34

㉖ 87-9-8 = 70

㉗ 45-6+7 = 46

㉘ 35-6+9 = 38

㉙ 52-4+6 = 54

12-7+8   12-7+8   앞에서부터 계산해야 해요.
5   15
13   ✕

덧셈과 뺄셈의 원리 ● 계산 방법 이해

① 26 　② 37 　③ 46 　④ 59
⑤ 35 　⑥ 59 　⑦ 24 　⑧ 47
⑨ 46 　⑩ 41 　⑪ 68 　⑫ 79
⑬ 30 　⑭ 83 　⑮ 76 　⑯ 45
⑰ 77 　⑱ 26 　⑲ 34 　⑳ 67
㉑ 33 　㉒ 61 　㉓ 98 　㉔ 94
㉕ 101 　㉖ 53 　㉗ 71 　㉘ 35
㉙ 44 　㉚ 38 　㉛ 39 　㉜ 30

덧셈과 뺄셈의 원리 ● 계산 방법 이해

04 기호를 바꾸어 계산하기 130~131쪽

① 33, 19, 3   ② 34, 26, 18
③ 49, 41, 27   ④ 53, 47, 29
⑤ 60, 42, 32   ⑥ 83, 67, 55
⑦ 83, 77, 61   ⑧ 67, 57, 45
⑨ 25, 31, 45   ⑩ 89, 91, 93
⑪ 36, 44, 56   ⑫ 10, 22, 38
⑬ 62, 72, 80   ⑭ 41, 59, 69
⑮ 50, 64, 82   ⑯ 76, 80, 90

덧셈과 뺄셈의 원리 ● 계산 원리 이해

05 수를 쪼개어 계산하기 132쪽

① 87, 87   ② 59, 59
③ 58, 58   ④ 66, 66
⑤ 64, 64   ⑥ 99, 99
⑦ 24, 24   ⑧ 82, 82
⑨ 52, 52   ⑩ 64, 64

덧셈과 뺄셈의 원리 ● 계산 원리 이해

06 지워서 계산하기 133쪽

① $11+3+4-3=$ $\boxed{11}$ $+$ $\boxed{4}$ $=$ $\boxed{15}$
3-3=0이므로 지울 수 있어요.

② $14+7-7+5=$ $\boxed{14}$ $+$ $\boxed{5}$ $=$ $\boxed{19}$

③ $67+4+7-4=$ $\boxed{67}$ $+$ $\boxed{7}$ $=$ $\boxed{74}$

④ $68+5+6-6=$ $\boxed{68}$ $+$ $\boxed{5}$ $=$ $\boxed{73}$

⑤ $42+9-3+3=$ $\boxed{42}$ $+$ $\boxed{9}$ $=$ $\boxed{51}$

⑥ $27+8-5-8=$ $\boxed{27}$ $-$ $\boxed{5}$ $=$ $\boxed{22}$

⑦ $46-5-7+5=$ $\boxed{46}$ $-$ $\boxed{7}$ $=$ $\boxed{39}$

⑧ $33+6-4-6=$ $\boxed{33}$ $-$ $\boxed{4}$ $=$ $\boxed{29}$

덧셈과 뺄셈의 원리 ● 계산 원리 이해

07 편리하게 계산하기 134쪽

① 30, 9, 39
② 60, 4, 64
③ 70, 5, 75
④ 90, 3, 93
⑤ 50, 6, 56
⑥ 60, 7, 67
⑦ 70, 9, 79
⑧ 50, 2, 52

덧셈과 뺄셈의 원리 ● 계산 순서 이해

08 계산하지 않고 크기 비교하기　135쪽

① >
② <
③ <
④ <
⑤ >
⑥ >
⑦ <
⑧ >
⑨ <
⑩ <
⑪ >
⑫ <
⑬ >
⑭ >
⑮ <
⑯ >

덧셈과 뺄셈의 원리 ● 계산 원리 이해

09 선의 길이 구하기　136~137쪽

① 1 2 + 7 + 6 = 2 5
② 1 3 + 6 + 9 = 2 8

③ 1 6 + 5 + 9 = 3 0
④ 3 2 + 9 + 3 = 4 4

⑤ 2 4 + 5 + 6 = 3 5
⑥ 3 6 − 6 − 8 = 2 2

⑦ 2 1 − 7 − 4 = 1 0
⑧ 3 4 − 5 − 8 = 2 1

⑨ 4 0 − 9 − 8 = 2 3
⑩ 3 1 − 4 − 7 = 2 0

⑪ 2 7 + 9 − 7 = 2 9
⑫ 1 9 + 9 − 5 = 2 3

⑬ 2 3 + 7 − 9 = 2 1
⑭ 2 2 + 4 − 8 = 1 8

⑮ 2 6 + 6 − 9 = 2 3
⑯ 2 9 + 4 − 7 = 2 6

덧셈과 뺄셈의 활용 ● 수직선 활용

10 처음 수와 같아지는 계산　138~139쪽

① 24, 16, 20, 16
② 31, 25, 20, 25
③ 34, 26, 23, 26
④ 26, 30, 35, 30
⑤ 83, 77, 81, 77
⑥ 36, 33, 40, 43
⑦ 43, 37, 33, 39
⑧ 47, 40, 47, 54
⑨ 56, 48, 54, 62
⑩ 78, 83, 92, 87

덧셈과 뺄셈의 성질 ● 덧셈과 뺄셈의 관계

11 0이 되는 식 완성하기　140~141쪽

① 17	② 23
③ 69	④ 30
⑤ 45	⑥ 82
⑦ 26	⑧ 18
⑨ 27	⑩ 32
⑪ 31	⑫ 50
⑬ 41	⑭ 73
⑮ 61	⑯ 53
⑰ 23	⑱ 82
⑲ 24	⑳ 66
㉑ 64	㉒ 84
㉓ 35	㉔ 49
㉕ 84	㉖ 53
㉗ 26	

덧셈과 뺄셈의 감각 ● 수의 조작

7 세 수의 계산(2)

세 수의 계산은 두 수의 계산을 연달아 하는 것과 같습니다. 따라서 앞에서부터 두 수씩 차례로 계산하는 것이 원칙입니다. 혼합 계산 순서를 원칙에 따라 충분히 학습한 후에는 다양한 문제를 통해 덧셈, 뺄셈의 원리와 성질을 접해 볼 수 있도록 하였습니다. 혼합 계산의 순서를 이해하는 것뿐만 아니라 연산 사고력을 기를 수 있도록 지도해 주세요.

01 순서대로 계산하기
144~146쪽

① 38-19-12= 7
 ❶19
  ❷7

② 96-27-69= 0
  69
   0

③ 70-23+39= 86
  47
   86

④ 32-17+99= 114
  15
   114

⑤ 43+39-56= 26
  82
   26

⑥ 64+26-47= 43
  90
   43

⑦ 58+26+18= 102
  84
   102

⑧ 38+25+44= 107
  63
   107

⑨ 25+34-19= 40
  59
   40

⑩ 36+24-11= 49
  60
   49

⑪ 90-15-26= 49
  75
   49

⑫ 67-26-14= 27
  41
   27

⑬ 72-72+35= 35
  0
   35

⑭ 84-57+63= 90
  27
   90

⑮ 19+25+46= 90
  44
   90

⑯ 18+76+47= 141
  94
   141

⑰ 62-14+52= 100
  48
   100

⑱ 55-43+79= 91
  12
   91

⑲ 29+33+78= 140
  62
   140

⑳ 54+29+75= 158
  83
   158

㉑ 18+76-47= 47
  94
   47

㉒ 37+43-55= 25
  80
   25

㉓ 98-19-24= 55
  79
   55

㉔ 90-32-19= 39
  58
   39

덧셈과 뺄셈의 원리 ● 계산 방법 이해

02 순서를 나타내고 계산하기 147~149쪽

① $46+36-58=24$

② $94-67-19=8$

③ $63-14+42=91$

④ $27+19+55=101$

⑤ $78-49-29=0$

⑥ $87-28+45=104$

⑦ $19+68-38=49$

⑧ $34+29+56=119$

⑨ $90-49-13=28$

⑩ $35+58-47=46$

⑪ $81-25-28=28$

⑫ $39+27-66=0$

⑬ $35+48+27=110$

⑭ $47+26-47=26$

⑮ $85-39-29=17$

⑯ $39+56+81=176$

⑰ $49+23-71=1$

⑱ $38+59+18=115$

⑲ $81-16-28=37$

⑳ $47+43-35=55$

㉑ $52-38+29=43$

㉒ $19+38+49=106$

㉓ $81-64+68=85$

㉔ $45-26+57=76$

㉕ $70-33+75=112$

㉖ $48+37+52=137$

㉗ $65-17-29=19$

㉘ $32-15+78=95$

㉙ $25+37-48=14$

㉚ $16+49+35=100$

㉛ $73-58+69=84$

㉜ $91-54-18=19$

㉝ $37+34-23=48$

㉞ $53-28-18=7$

㉟ $86-29-38=19$

㊱ $62+19-43=38$

㊲ $85-39+57=103$

㊳ $26+49+53=128$

㊴ $18+27+36=81$

㊵ $72-35-28=9$

㊶ $63+27-52=38$

㊷ $82-48-16=18$

03 한꺼번에 세 수 더하기 150~152쪽

① 58   ② 70   ③ 80

④ 83   ⑤ 96   ⑥ 120

⑦ 81   ⑧ 90   ⑨ 129

⑩ 145   ⑪ 114   ⑫ 161

⑬ 180   ⑭ 170   ⑮ 129

⑯ 135   ⑰ 200   ⑱ 87

⑲ 183   ⑳ 228   ㉑ 184

㉒ 133   ㉓ 174   ㉔ 113

㉕ 136   ㉖ 105   ㉗ 165

㉘ 88   ㉙ 148   ㉚ 128

㉛ 110   ㉜ 198   ㉝ 187

㉞ 150   ㉟ 242   ㊱ 156

04 기호를 바꾸어 계산하기 153~154쪽

① 71, 45, 5   ② 100, 32, 0

③ 117, 57, 5   ④ 77, 29, 9

⑤ 122, 58, 22   ⑥ 114, 84, 54

⑦ 102, 68, 18   ⑧ 112, 68, 18

⑨ 4, 62, 102   ⑩ 0, 60, 110

⑪ 20, 66, 100   ⑫ 0, 56, 80

⑬ 17, 97, 133   ⑭ 8, 46, 70

⑮ 31, 79, 101   ⑯ 16, 42, 92

덧셈과 뺄셈의 원리 ● 계산 원리 이해

05 편리한 방법으로 계산하기 155~156쪽

① 78 / 30, 20, 80   ② 88 / 50, 30, 90

③ 98 / 20, 40, 100   ④ 71 / 30, 20, 73

⑤ 100 / 40, 30, 102   ⑥ 122 / 40, 30, 124

⑦ 77 / 20, 30, 30, 80   ⑧ 87 / 40, 20, 30, 90

⑨ 22 / 20, 20, 20   ⑩ 12 / 30, 50, 10

⑪ 2 / 30, 40, 0   ⑫ 34 / 20, 30, 32

⑬ 26 / 20, 50, 24   ⑭ 5 / 30, 20, 3

⑮ 23 / 30, 30, 20   ⑯ 18 / 20, 40, 15

덧셈과 뺄셈의 감각 ● 수의 조작

06 계산하지 않고 크기 비교하기 157쪽

① <

② >

③ >

④ <

⑤ >

⑥ >

⑦ <

⑧ >

덧셈과 뺄셈의 원리 ● 계산 원리 이해

07 지워서 계산하기 158쪽

① 28+49−49=28
49를 더하고 다시 빼면 0이 되므로
49를 모두 지워도 돼요.

② 54+37−54=37

③ 66+18−66=18   ④ 37+45−45=37

⑤ 54−54+48=48   ⑥ 86−86+73=73

⑦ 91−87+87=91   ⑧ 52−39+39=52

⑨ 62+28−62=28   ⑩ 71−71+86=86

⑪ 94−15+15=94   ⑫ 43−43+73=73

⑬ 80−29+29=80   ⑭ 19+67−19=67

⑮ 23+35+35−70=23
35+35=70이므로
세 수를 동시에 지워도 돼요.

⑯ 61+19−80+35=35

덧셈과 뺄셈의 감각 ● 수의 조작

08 계산 결과를 보고 식 완성하기 159~160쪽

① 27, 17   ② 44, 55

③ 24, 19   ④ 53, 76

⑤ 38, 42   ⑥ 82, 65

⑦ 45, 72   ⑧ 58, 38

⑨ 39, 15   ⑩ 36, 45

⑪ 19, 27   ⑫ 25, 69

⑬ 28, 36   ⑭ 16, 47

⑮ 75, 46   ⑯ 38, 68

덧셈과 뺄셈의 감각 ● 수의 조작

덧셈과 뺄셈의 결과

덧셈을 하면 처음 수보다 커지고 뺄셈을 하면 처음 수보다 작아집니다.
처음 수보다 계산 결과가 크면 (더한 수)>(뺀 수)이고, 처음 수보다 계산
결과가 작으면 (더한 수)<(뺀 수)입니다.